高等职业教育“十三五”规划教材

公共基础课系列

实用高等数学

（上册）

主编◎王冬琳　王　妍

参编◎王　倩　家春燕

SHIYONG GAODENG SHUXUE

北京师范大学出版集团
BEIJING NORMAL UNIVERSITY PUBLISHING GROUP
北京师范大学出版社

图书在版编目（CIP）数据

实用高等数学. 上册 / 王冬琳，王妍主编. -- 北京:北京师范大学出版社，2018.5

高等职业教育“十三五”规划教材. 公共基础课系列

ISBN 978-7-303-23642-8

Ⅰ. ①实… Ⅱ. ①王… ②王… Ⅲ. ①高等数学－高等职业教育－教材 Ⅳ. ①O13

中国版本图书馆 CIP 数据核字(2018)第 082374 号

营销中心电话 010-62978190 62979006
北师大出版社科技与经管分社 www.jswsbook.com
电子信箱 jswsbook@163.com

出版发行：北京师范大学出版社 www.bnup.com
北京市海淀区新街口外大街 19 号
邮政编码：100875

印　　刷：三河市东兴印刷有限公司
经　　销：全国新华书店
开　　本：787 mm×1092 mm　1/16
印　　张：7.5
字　　数：180 千字
版　　次：2018 年 5 月第 1 版
印　　次：2018 年 5 月第 1 次印刷
定　　价：20.00 元

策划编辑：王松浦　苑文环　　责任编辑：王松浦　苑文环
美术编辑：高　霞　　装帧设计：高　霞
责任校对：李　菡　　责任印制：孙文凯　赵非非

前　言

能够用一种简洁的语言解释很繁复、很自然的现象，是数学享有“数学皇后”地位的重要原因之一. 数学作为实现工程技术和科学技术的一门必要的语言，受到了日益重视，越来越直接地服务于经济和科学技术. “数学技术”也越来越深入地被各行各业用于管理、控制、预测及探索经济和自然规律.

R. 柯朗曾做过如此比喻：“如果将整个数学比作一棵大树，那么初等数学就是树的根，名目繁多的数学分支是树枝，而树干的主要部分就是微积分. 微积分堪称人类智慧最伟大的成就之一.”在高职高专的基础课程中，微积分是最重要的课程之一，更是学习理、工、商、财、医、农等学科不可或缺的预备知识.

鉴于数学课程对思维训练的特殊作用，数学教育已成为全面提高学生素质的重要途径. 本套书的编写目的不止在于提供微积分学的基本概念和解题技巧，使学生提高数学计算及推理能力，主旨在于引导学生将微积分作为一种解决实际问题的工具而理解到微积分的实用性，同时了解数学建模的核心思想，重点培养学生“用数学”的意识和能力，促进学生知识、能力和素质的融合.

本套书的内容尽量吸收当前国际微积分教学改革成果，按照我国教学基本要求，适合推进素质教育，培养学生的创新精神、应用意识、获取新知识的能力、分析和解决问题的能力，以及适应分层次教学需求，做到重点突出、详略得当、通俗易懂，便于自学. 为了便于教学，编写时力求表述确切、思路清楚、由浅入深、例题适当和注重解题方法.

本套书的出版得到了北京师范大学出版集团王松浦老师的大力支持；北京师范大学数学科学学院黄海洋教授对书稿的整体思路提出了许多极为宝贵的意见，还参加了本套书下册的编写研讨，在此表示衷心的感谢.

由于时间仓促，书中可能有不当甚至差错之处，恳请读者批评指教，我们不胜感激.

编　者

目 录

第1章 函数、极限与连续……（1）

§1.1 函数……（1）

一、了解函数……（1）

二、函数的概念……（2）

三、函数的性质……（3）

四、分段函数……（4）

五、基本初等函数……（6）

六、复合函数与初等函数……（9）

七、函数与模型建立的步骤……（10）

§1.2 极限……（12）

一、极限思想的引入……（12）

二、极限的概念……（13）

三、极限的运算法则……（16）

四、两个重要极限……（19）

五、极限的应用……（21）

§1.3 无穷小量与无穷大量……（23）

一、无穷小量的概念……（23）

二、无穷小量的性质……（23）

三、无穷小量的阶……（24）

四、无穷大量的概念……（25）

五、无穷小量与无穷大量的关系……（25）

§1.4 函数的连续性……（26）

一、连续的概念……（26）

二、函数的间断点……（28）

三、初等函数的连续性……（29）

四、闭区间上连续函数的性质……（29）

第2章 导数与微分……（32）

§2.1 导数的概念……（32）

一、瞬时变化率类问题的提出……（32）

二、导数的概念……（34）

三、左导数和右导数……（36）

四、导数的几何意义……（36）

五、可导与连续的关系……（37）

六、应用拓展案例（变化率模型）……（37）

§2.2 导数的运算……（39）

一、基本初等函数的导数公式……（39）

二、导数的四则运算法则……（41）

三、复合函数求导法则……（44）

§2.3 高阶导数……（45）

一、问题的提出……（45）

二、高阶导数……（46）

§2.4 函数的微分及应用……（48）

一、问题的提出……（48）

二、函数的微分……（48）

三、微分的计算……（49）

四、微分的几何意义……（51）

五、微分的应用……（51）

第3章 导数的应用……（56）

§3.1 微分中值定理……（56）

一、罗尔(Rolle)中值定理……（56）

二、拉格朗日(Lagrange)中值定理 ………………………………… (57)
三、柯西(Cauchy)中值定理… (59)
§3.2 洛必达法则 …………… (60)
一、洛必达(L'Hospital)法则… (60)
二、其他类型的未定式极限… (61)
§3.3 函数的单调性与函数的极值 ……………………………… (63)
一、函数单调性的判定 ……… (63)
二、函数的极值 ……………… (64)
三、函数的最值 ……………… (67)
§3.4 函数的作图 …………… (69)
一、曲线的凹凸性及拐点 …… (69)
二、曲线的渐近线 …………… (71)
三、函数的作图 ……………… (73)
§3.5 导数在经济分析中的应用 ……………………………… (75)
一、边际与边际分析 ………… (75)
二、弹性与弹性分析 ………… (77)
三、经济学中的最优值问题… (79)
第4章 积 分 …………………… (82)
§4.1 定积分的概念 ………… (82)
一、问题的提出 ……………… (82)
二、定积分的概念 …………… (83)
三、定积分的基本性质 ……… (85)
§4.2 微积分基本公式 ……… (88)
一、变上限的积分 …………… (88)
二、不定积分 ………………… (89)
三、微积分基本公式 ………… (93)
§4.3 换元积分法与分部积分法 ……………………………… (95)
一、不定积分的第一换元法——凑微分法 …………… (95)
二、不定积分的第二换元法… (96)
三、不定积分的分部积分法… (97)
四、定积分的换元法 ………… (99)
五、定积分的分部积分法 … (101)
§4.4 定积分的应用 ………… (103)
一、平面图形的面积 ……… (103)
二、体积 …………………… (105)
三、压力与功 ……………… (108)
§4.5 广义积分 ……………… (110)
一、无穷区间上的广义积分… (110)
二、无界函数的广义积分 … (111)

第 1 章　函数、极限与连续

微积分以函数为研究对象；极限研究变量的变化趋势，是贯穿微积分始终的一个重要概念；极限理论是微积分的理论基础；连续是函数最重要的性质之一，连续函数是微积分研究的主要对象．本章将介绍函数、极限与连续的基本知识，并对极限的基本思想加以阐述，为之后的学习奠定基础．

§1.1　函数

一、了解函数

在我们的周围，变化无处不在．变化过程中变化的量，简称**变量**．例如，生产过程中的原料消耗量和产量都是在不断变化的．这两个变化着的量不是彼此独立的，而是相互联系、相互制约的．当其中一个变量在某数集内取值时，按一定的法则，另一个变量有唯一确定的值与之对应．变量之间的这种数量关系就是**函数关系**．

为了说明这种关系，下面给出几个例子．

【例 1】　生产某种产品的固定成本为 6 800 元，每生产 1 件产品，成本增加 70 元，那么这种产品的总成本 y(元)与产量 x(件)的关系可用下面的式子给出

$$y=70x+6\ 800.$$

当产量 x 取任何一个合理的值时，总成本 y 有唯一确定的值和它对应，我们说总成本 y 是产量 x 的函数．

【例 2】　圆的面积 S 由圆的半径 r 决定，只要 r 取定一个正数值，面积 S 就有一个唯一确定的值与之对应，且 S 与 r 之间有关系式

$$S=\pi r^2 \quad (r>0).$$

上述公式表明了变量 r 和 S 之间的函数关系．

这种用一个数学表达式表示两个变量之间函数关系的方法称为**公式法**或**解析法**．

【例 3】　在气象观测站，气温自动记录仪把某一天的气温变化描绘在记录纸上(如图 1-1)，曲线上某一点 $P_0(t_0, \theta_0)$表示时刻 t_0 的气温是 θ_0．观察这条曲线，可以知道在这一天内，时间 t 从 0 时到 24 时气温 θ 的变化情况．时间 t 和气温 θ 都是变量，这两个变量之间的函数关系是由一条曲线确定的．

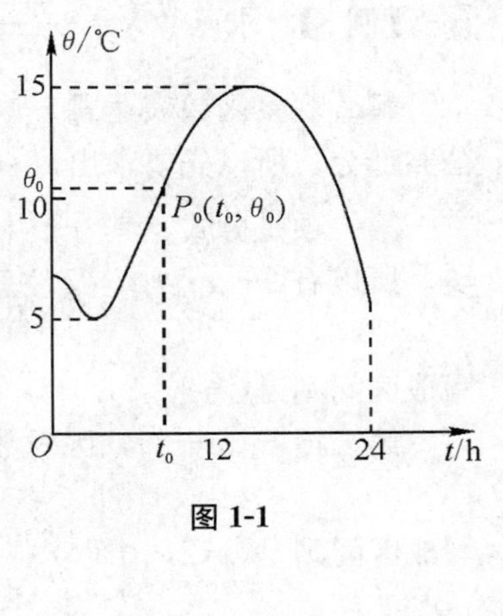

图 1-1

这种用几何图形表示两个变量之间函数关系的方法，称为**图形法**或**图像法**.

【例 4】 为了预测某种商品的市场销售情况，调查了该商品 1～6 月份的销售数量，列表如表 1-1.

表 1-1

月份 t	1	2	3	4	5	6
销量 Q/万件	100	105	110	115	111	120

表 1-1 表示了月份 t 与销售量 Q 之间的函数关系. t 每取定表中列出的一个值，就有唯一确定的 Q 值与之对应.

这种用表格表示两个变量之间函数关系的方法，称为**列表法**.

上述 4 个例子都给出了变量与变量间的对应关系，它们有一个共同特征：对其中一个变量在合理范围内的每一个取值，另一个变量都有唯一确定的值与之对应，这种对应关系就是函数.

二、函数的概念

定义 1.1 设 x 和 y 是两个变量，若变量 x 在非空数集 D 内任取一数值，变量 y 依照某一法则 f 总有唯一确定的数值与之对应，则称**变量 y 为变量 x 的函数**，记做 $y=f(x)$. 这里 x 称为**自变量**，y 称为**因变量**或**函数**，f 是函数符号，它表示 y 与 x 的对应法则，有时函数符号也可以用其他字母表示，如 g，φ 等，D 称为**定义域**.

函数值的全体 $W=\{y \mid y=f(x),\ x\in D\}$ 称为函数的**值域**.

当自变量 x 在定义域内取定某确定值 x_0 时，因变量 y 按照所给函数关系 $y=f(x)$ 求出的对应值 y_0 叫做当 $x=x_0$ 时的函数值，记做 $y|_{x=x_0}$ 或 $f(x_0)$.

由函数的定义可知，决定一个函数有三个要素：定义域 D，对应法则 f 和值域 W. 注意到每一个函数值都可由一个 $x\in D$ 通过 f 而唯一确定，于是给定 D 和 f，W 就相应地被确定了，从而 D 和 f 就是决定一个函数的**两个要素**. 因此，两个**函数相等**的充要条件是它们的定义域相同且对应法则相同.

【例 5】 求函数 $y=\dfrac{x+1}{\sqrt{9-x^2}}+\ln(x+2)$ 的定义域.

解 观察函数表达式，该函数是两项的和，其定义域应是各项自变量取值范围的公共部分，所以先要求出每一项中自变量的取值范围.

第一项是分式，其分子中 x 可取任意值；对分母 $\sqrt{9-x^2}$，因偶次根的根底式应非负，所以有 $9-x^2\geqslant 0$，又注意到分母不能为 0，所以，只能有 $9-x^2>0$，即

$$-3<x<3,$$

写成区间则是$(-3,\ 3)$.

第二项 $\ln(x+2)$，因对数的真数应为正，所以有

$$x+2>0,\text{ 即 } x>-2,$$

写成区间则是$(-2,\ +\infty)$.

上述两个区间之交是区间$(-2, 3)$，即为所求函数的定义域.

【例 6】 设$y=f(x)=\frac{x}{\sqrt{1+x^2}}$，求$f(1)$，$f(0)$，$f(-1)$，$f(x_0)$，$f(-x)$.

解 这是已知函数的表达式，求函数在指定点的函数值. 观察函数表达式可知，该函数对x取任何实数值都有意义.

$f(1)$是当自变量x取1时函数$f(x)$的函数值. 要求$f(1)$，只需将$f(x)$的表达式中的x换成数值1，即

$$f(1)=\left.\frac{x}{\sqrt{1+x^2}}\right|_{x=1}=\frac{1}{\sqrt{1+1^2}}=\frac{1}{\sqrt{2}}.$$

同理可得

$$f(0)=\left.\frac{x}{\sqrt{1+x^2}}\right|_{x=0}=0,\ f(-1)=\left.\frac{x}{\sqrt{1+x^2}}\right|_{x=-1}=-\frac{1}{\sqrt{2}}.$$

为求$f(x_0)$，需将$f(x)$的表达式中的x换为x_0，即

$$f(x_0)=\left.\frac{x}{\sqrt{1+x^2}}\right|_{x=x_0}=\frac{x_0}{\sqrt{1+x_0^2}}.$$

同理，将$f(x)$的表达式中的x换为$-x$，得

$$f(-x)=\frac{-x}{\sqrt{1+(-x)^2}}=-\frac{x}{\sqrt{1+x^2}}.$$

三、函数的性质

1. 有界性

设函数$f(x)$在某区间I上有定义，若存在正数M，使得$\forall x\in I$有$|f(x)|\leqslant M$，则称$f(x)$在I上**有界**. 若这样的M不存在(即对充分大的$M>0$，都$\exists \xi\in I$，使$|f(\xi)|>M$)，则称$f(x)$在I上**无界**.

例如，由$|\sin x|\leqslant 1$可知，$y=\sin x$在$(-\infty, +\infty)$内有界. 我们也可以取$M=2$，即$|\sin x|<2$总是成立的. 实际上M可以取任何大于1的数.

又如，$f(x)=\frac{1}{x}$在$(1, 2)$内有界，但在$(0, 1)$内无界. 由此可知，函数是否有界与给定区间有关.

2. 奇偶性

设有函数$f(x)$，定义域$D=(-l, l)$. 若$\forall x\in D$，有$f(-x)=f(x)$，则称$f(x)$为**偶函数**；若$\forall x\in D$，有$f(-x)=-f(x)$，则称$f(x)$为**奇函数**.

例如，$f(x)=x^2$是偶函数，$f(x)=x^3$为奇函数.

不满足上述两条的函数称为**非奇非偶函数**. 如$f(x)=x^2+x$.

不难发现，奇函数的图像关于原点对称，偶函数的图像关于y轴对称.

【例 7】 判断下列函数的奇偶性：

(1) $f(x)=2x^4+3x^2+1$；　　(2) $f(x)=x^3+\cos x$.

解 用奇偶函数的定义判断函数的奇偶性，应先算出 $f(-x)$，然后与 $f(x)$ 比较.

(1)函数的定义域是 $(-\infty, +\infty)$.

因为 $\forall x\in(-\infty, +\infty)$，有

$$f(-x)=2(-x)^4+3(-x)^2+1=2x^4+3x^2+1=f(x),$$

所以 $f(x)$ 是偶函数.

(2)函数的定义域是 $(-\infty, +\infty)$.

因为 $\forall x\in(-\infty, +\infty)$，有

$$f(-x)=(-x)^3+\cos(-x)=-x^3+\cos x.$$

由于

$$f(-x)\neq -f(x),\quad f(-x)\neq f(x),$$

所以该函数既不是奇函数，也不是偶函数.

3. 单调性

设函数 $y=f(x)$ 的定义域为区间 D，区间 $I\subseteq D$. $\forall x_1<x_2\in I$，若有 $f(x_1)<f(x_2)$，则称 $y=f(x)$ 在 I 上**单调递增**，I 称为函数的**递增区间**；若有 $f(x_1)>f(x_2)$，则称 $y=f(x)$ 在 I 上**单调递减**，I 称为函数的**递减区间**.

例如，函数 $f(x)=x^2$ 在区间 $(0, +\infty)$ 内单调递增，在区间 $(-\infty, 0)$ 内单调递减；函数 $f(x)=x^3$ 在定义域 $(-\infty, +\infty)$ 内单调递增.

注意：

(1)单调性与区间有关. 如函数 $y=x^2$ 在 $(-\infty, +\infty)$ 内不是单调的，但在 $(0, +\infty)$ 内单调递增，在 $(-\infty, 0)$ 内单调递减.

(2)单调递增函数的图像是沿 x 轴正向逐渐上升的，单调递减函数的图像是沿 x 轴正向逐渐下降的.

4. 周期性

设有函数 $y=f(x)$，$x\in D$. 若 $\exists l\neq 0$ 使 $f(x+l)=f(x)(x, x\pm l\in D)$，则称 $f(x)$ 为**周期函数**，l 为**周期**.

对于一个周期函数 $f(x)$，如果在它的所有的周期中存在一个最小的正数，就称这个最小的正数为 $f(x)$ 的**最小正周期**.

注意：本书中周期函数的周期均指最小正周期.

如 $y=\sin x$，$y=\cos x$ 的周期为 2π. $y=\cos 4x$ 的周期为 $\frac{\pi}{2}$.

四、分段函数

如果一个函数在其定义域内，对于自变量 x 的不同取值区间，有着不同的对应法则，那么这样的函数就称为**分段函数**.

【例 8】 2008 年 2 月 18 日，温家宝总理签署国务院令公布《国务院关于修改〈中华人民共和国个人所得税法实施条例〉的决定》，自 2008 年 3 月 1 日起施行. 其中，前 4 级税率如表 1-2.

表 1-2 个人所得税税率表(工资、薪金所得适用)(前4级)

级数	全月应纳税所得额	税率/%
1	不超过 500 元的部分	5
2	超过 500 元至 2 000 元的部分	10
3	超过 2 000 元至 5 000 元的部分	15
4	超过 5 000 元至 20 000 元的部分	20

应纳税所得额为月个人所得额减去 2 000 元(纳税起征点). 易知，每一种个人所得额都有唯一一种个人所得税缴纳额，也就是说，按照表 1-2 中的对应法则，月个人所得额与个人所得税额间具有函数关系. 试在月个人所得额不超过 22 000 元的范围内，给出月个人所得额与个人所得税额之间的函数关系. 若某人的月个人所得额为 4 250 元，试计算其所应缴纳的个人所得税额.

解 设某人的月个人所得额为 x 元，应缴纳个人所得税额为 y 元，则由题意可得：

当 $0\leqslant x\leqslant 2\,000$ 时，

$y=0$；

当 $2\,000<x\leqslant 2\,500$ 时，

$y=(x-2\,000)\times 5\%=0.05(x-2\,000)$；

当 $2\,500<x\leqslant 4\,000$ 时，

$y=(x-2\,500)\times 10\%+500\times 5\%=0.1(x-2\,500)+25$；

当 $4\,000<x\leqslant 7\,000$ 时，

$y=(x-4\,000)\times 15\%+25+(2\,000-500)\times 10\%=0.15(x-4\,000)+175$；

当 $7\,000<x\leqslant 22\,000$ 时，

$y=(x-7\,000)\times 20\%+175+(5\,000-2\,000)\times 15\%=0.2(x-7\,000)+625.$

综上，所求函数表达式为

$$y=\begin{cases}0, & 0\leqslant x\leqslant 2\,000,\\ 0.05(x-2\,000), & 2\,000<x\leqslant 2\,500,\\ 0.1(x-2\,500)+25, & 2\,500<x\leqslant 4\,000,\\ 0.15(x-4\,000)+175, & 4\,000<x\leqslant 7\,000,\\ 0.2(x-7\,000)+625, & 7\,000<x\leqslant 22\,000.\end{cases}$$

欲求个人所得额为 4 250 元时的个人所得税额，即求当 $x=4\,250$ 时，相应的 y 值，应用表达式 $y=0.15(x-4\,000)+175$ 求值，故

$$y\big|_{x=4\,250}=212.5,$$

即此人每月应缴纳个人所得税额 212.5 元.

【例 9】 设分段函数 $f(x)=\begin{cases}x-1, & -1\leqslant x<0,\\ 0, & x=0,\\ 2^x, & x>0.\end{cases}$

求：(1)定义域；(2)$f(-1)$，$f(0)$，$f(1)$.

解 这是一个分段函数，$x=0$ 是分段函数的分段点.

(1)分段函数的定义域是各段自变量取值范围的并集，依题设，$f(x)$的定义域是$[-1, +\infty)$.

(2)由题意知，若自变量 x 在区间$[-1, 0)$上取值，则相对应的函数值用 $y=x-1$ 计算；若 x 取 0，则对应的函数值是 $y=0$；若 x 在$(0, +\infty)$内取值，则对应的函数值用 $y=2^x$ 计算.

因此 $f(-1)=(x-1)\big|_{x=-1}=-2$，$f(0)=0$，$f(1)=2^x\big|_{x=1}=2$.

五、基本初等函数

基本初等函数通常包括以下六类函数：常值函数、幂函数、指数函数、对数函数、三角函数和反三角函数.

1. 常值函数

$y=C$，$x\in(-\infty, +\infty)$，C 为常数.

其图像如图 1-2.

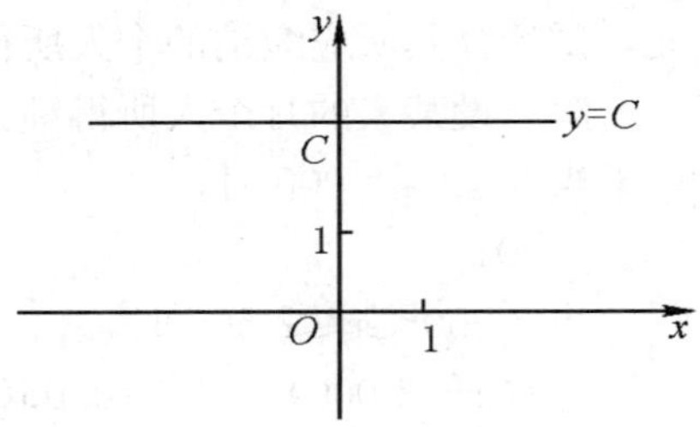

图 1-2

2. 幂函数

形如
$$y=x^\alpha \quad (\alpha \text{ 为实数})$$
的函数称为**幂函数**.

幂函数的定义域随 α 而异，但不论 α 取何值，它在区间$(0, +\infty)$内总有定义，且其图像均过点$(1, 1)$.

例如，当 $\alpha=1$ 时，$y=x$，$x\in(-\infty, +\infty)$，图像如图 1-3.

当 $\alpha=-1$ 时，$y=x^{-1}=\dfrac{1}{x}$，$x\in(-\infty, 0)\cup(0, +\infty)$，图像如图 1-4.

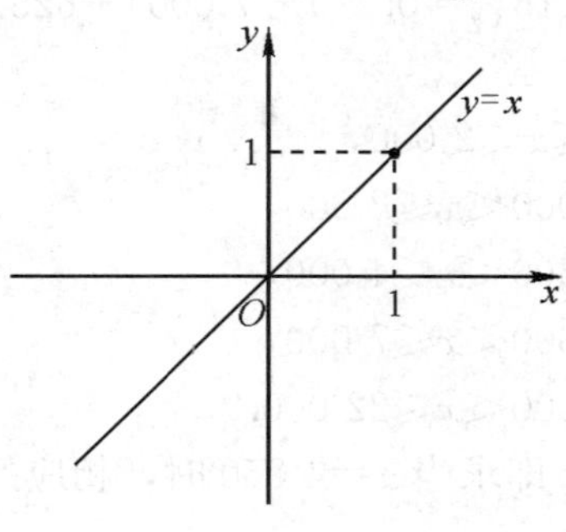

图 1-3

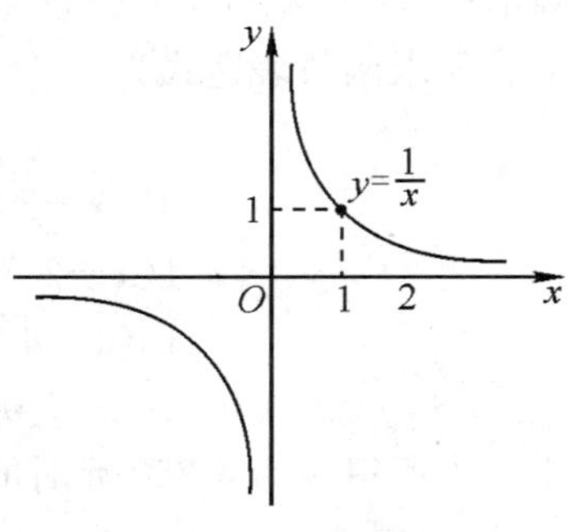

图 1-4

3. 指数函数

形如
$$y=a^x (a>0, a\neq 1), x\in(-\infty, +\infty)$$
的函数称为**指数函数**.

当 $a>1$ 时，指数函数在其定义域内是单调递增的；当 $0<a<1$ 时，指数函数在其定义域内是单调递减的. 因为 $a^0=1$，$a^x>0$，所以，指数函数的图像过 y 轴上的点(0,

1)，且位于 x 轴的上方.（如图 1-5）

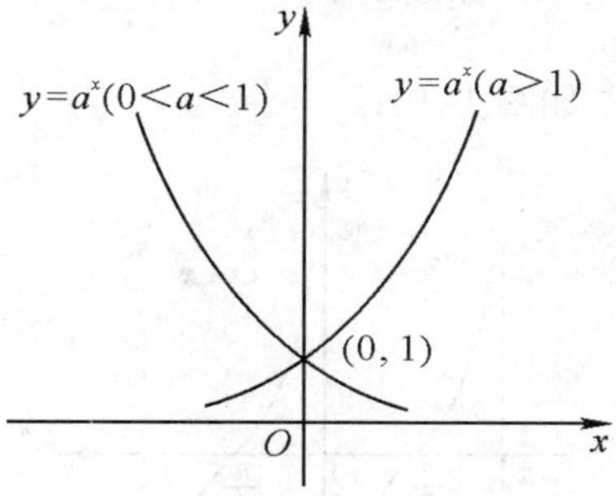

图 1-5

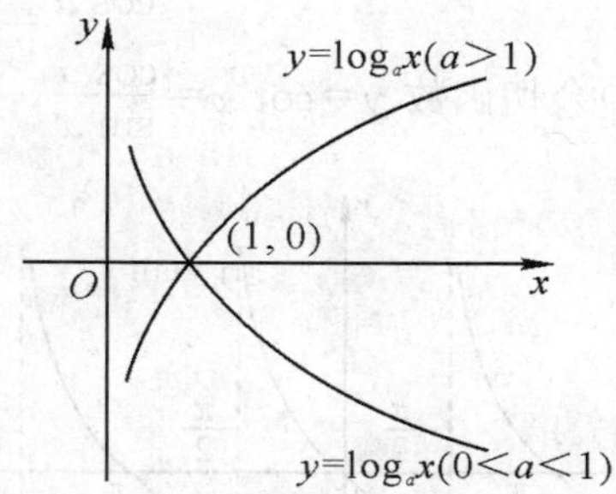

图 1-6

4. 对数函数

形如 $y=\log_a x\,(a>0,\ a\neq 1)$，$x\in(0,\ +\infty)$的函数称为**对数函数**.

对数函数与指数函数互为反函数. 当 $a>1$ 时，对数函数在其定义域内是单调递增的；当 $0<a<1$ 时，对数函数在其定义域内是单调递减的. 因为 $\log_a 1=0$，且总有 $x>0$，所以，对数函数的图像过 x 轴上的点(1，0)，且位于 y 轴的右侧.（如图 1-6）

特别地，以 e 为底的对数函数 $y=\log_e x$ 简记为$y=\ln x$，称为**自然对数**. 其中 e=2.718 281 828 459…是一个无理数.

5. 三角函数

三角函数是如下六种函数的统称，分别为：

(1)正弦函数 $y=\sin x$，$x\in(-\infty,\ +\infty)$，如图1-7；

(2)余弦函数 $y=\cos x$，$x\in(-\infty,\ +\infty)$，如图1-8；

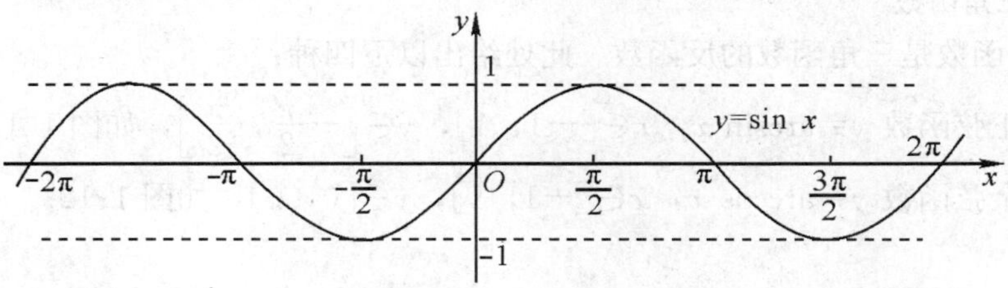

图 1-7

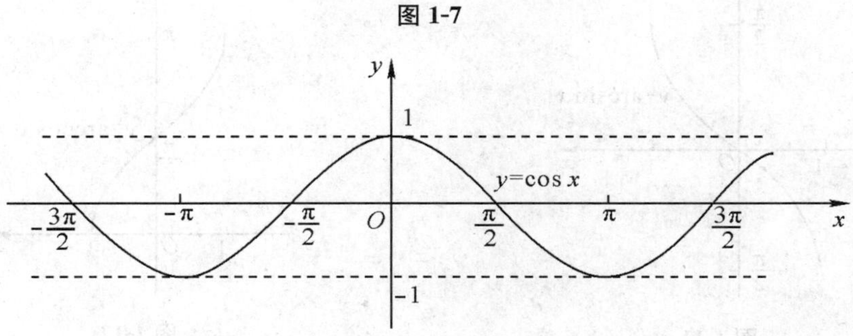

图 1-8

(3)正切函数 $y=\tan x=\dfrac{\sin x}{\cos x}$，$x\neq n\pi+\dfrac{\pi}{2}$，$n\in\mathbf{Z}$，如图 1-9；

(4)余切函数 $y=\cot x=\dfrac{\cos x}{\sin x}$，$x\neq n\pi$，$n\in\mathbf{Z}$，如图 1-10；

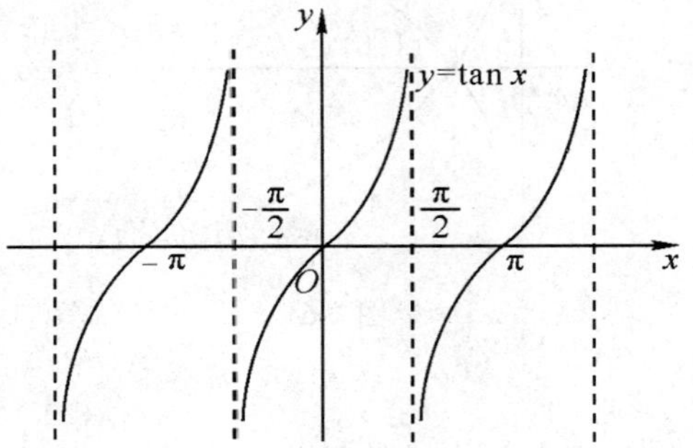

图 1-9

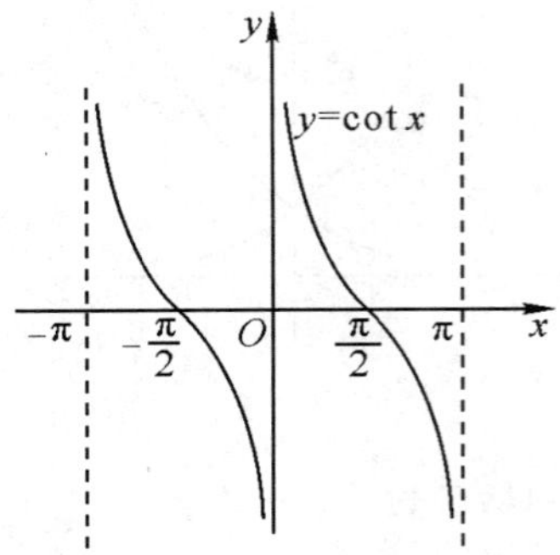

图 1-10

(5)正割函数 $y=\sec x=\dfrac{1}{\cos x}$，$x\neq n\pi+\dfrac{\pi}{2}$，$n\in\mathbf{Z}$；

(6)余割函数 $y=\csc x=\dfrac{1}{\sin x}$，$x\neq n\pi$，$n\in\mathbf{Z}$.

其中，$y=\sin x$ 与 $y=\cos x$ 都是以 2π 为周期的周期函数，且都是有界函数：$|\sin x|\leqslant 1$，$|\cos x|\leqslant 1$.

$y=\sin x$ 是奇函数，$y=\cos x$ 是偶函数.

$y=\tan x$ 与 $y=\cot x$ 都是以 π 为周期的周期函数，且都是奇函数.

6. 反三角函数

反三角函数是三角函数的反函数. 此处给出以下四种：

(1)反正弦函数 $y=\arcsin x$，$x\in[-1,1]$，$y\in\left[-\dfrac{\pi}{2},\dfrac{\pi}{2}\right]$，如图 1-11；

(2)反余弦函数 $y=\arccos x$，$x\in[-1,1]$，$y\in[0,\pi]$，如图 1-12；

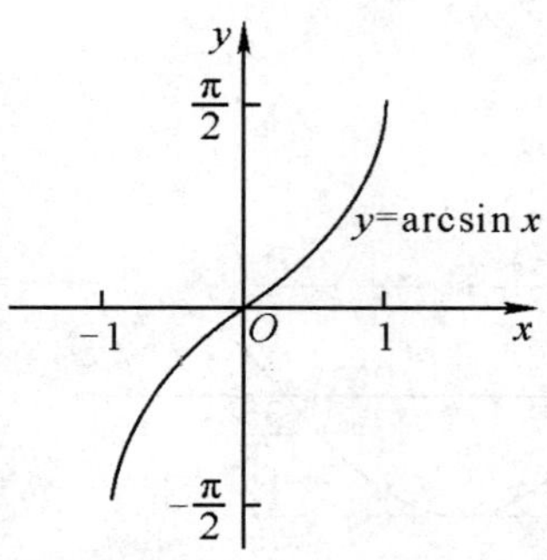

图 1-11

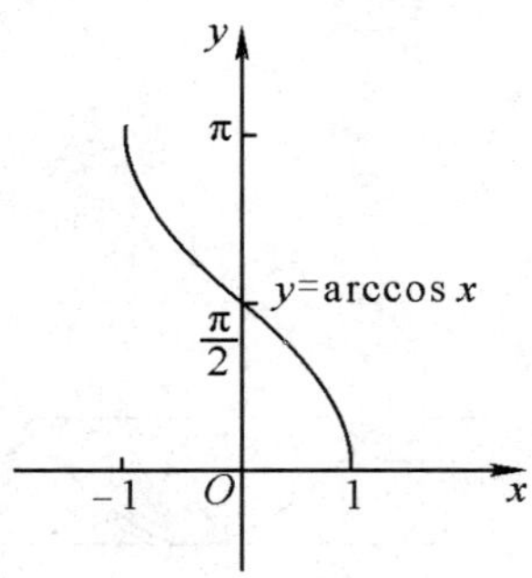

图 1-12

(3)反正切函数 $y=\arctan x$，$x\in(-\infty,+\infty)$，$y\in\left(-\frac{\pi}{2},\frac{\pi}{2}\right)$，如图 1-13；

(4)反余切函数 $y=\operatorname{arccot} x$，$x\in(-\infty,+\infty)$，$y\in(0,\pi)$，如图 1-14.

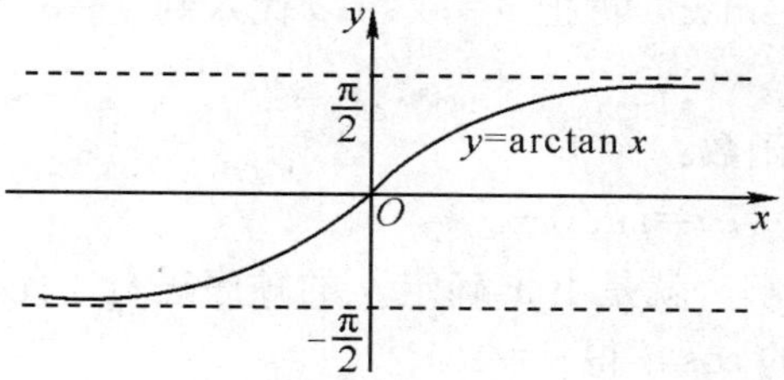

图 1-13

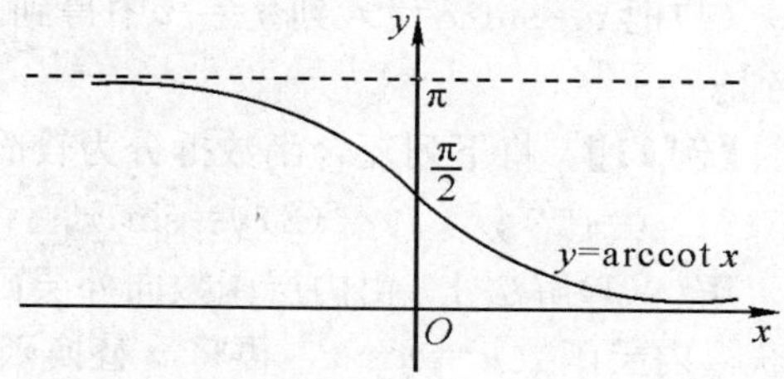

图 1-14

由于正弦函数 $y=\sin x$ 在其定义域$(-\infty,+\infty)$内不具备单调性，故不存在反函数. 若限制自变量 x 在区间$\left[-\frac{\pi}{2},\frac{\pi}{2}\right]$上取值，则它是单调递增的，从而它存在反函数. 由此得到的正弦函数的反函数，称为反正弦函数的主值(如图 1-11)，记做

$$y=\arcsin x，x\in[-1,1],$$

其值域是区间$\left[-\frac{\pi}{2},\frac{\pi}{2}\right]$.

类似地，函数 $y=\cos x$，$y=\tan x$，$y=\cot x$ 分别在其单调区间$[0,\pi]$，$\left(-\frac{\pi}{2},\frac{\pi}{2}\right)$，$(0,\pi)$内能够得到相应的反余弦函数的主值 $y=\arccos x$(如图 1-12)，反正切函数的主值 $y=\arctan x$(如图 1-13)，反余切函数的主值 $y=\operatorname{arccot} x$(如图 1-14).

六、复合函数与初等函数

考察函数 $y=e^{\sin x}$，对给定的 x 值，为了确定 y 值，应先计算 $u=\sin x$，再由求得的 u 值计算 $y=e^u$.

这里，把 $y=e^u$ 理解成 y 是 u 的函数，$u=\sin x$ 理解成 u 是 x 的函数. 那么函数 $y=e^{\sin x}$ 就是把函数 $u=\sin x$ 代入函数 $y=e^u$ 中而得到的.

定义 1.2 设函数 $y=f(u)$，定义域为 D_1，函数 $u=\varphi(x)$，定义域为 D_2，$W_2=\{u \mid u=\varphi(x),x\in D_2\}$. 若 $D_1\cap W_2\neq\varnothing$，则称 $y=f[\varphi(x)]$为由 $y=f(u)$，$u=\varphi(x)$复合而成的**复合函数**，u 称为**中间变量**.

注意：

$D_1\cap W_2\neq\varnothing$是检验两个函数能否复合的根据.

【例 10】 将 y 表示为 x 的函数：

(1)$y=\ln u$，$u=x^2+2$；　　(2)$y=\sqrt{u}$，$u=1+x^2$；

(3)$y=\sqrt{u}$，$u=\ln v$，$v=x+1$；　　(4)$y=3^u$，$u=\sqrt{v}$，$v=\sin x$.

解 (1)把 $u=x^2+2$ 代入到 $y=\ln u$ 中得到 $y=\ln(x^2+2)$.

(2)把 $u=1+x^2$ 代入到 $y=\sqrt{u}$中得到 $y=\sqrt{1+x^2}$.

(3)把 $v=x+1$ 代入到 $u=\ln v$ 中得到 $u=\ln(x+1)$，再把 $u=\ln(x+1)$ 代入到 $y=\sqrt{u}$ 中得到 $y=\sqrt{\ln(x+1)}$.

(4)把 $v=\sin x$ 代入到 $u=\sqrt{v}$ 中得到 $u=\sqrt{\sin x}$，再把 $u=\sqrt{\sin x}$ 代入到 $y=3^u$ 中得到 $y=3^{\sqrt{\sin x}}$.

【例 11】 将下列复合函数拆分为较简单的函数：

(1) $y=\mathrm{e}^{\cos x}$； (2) $y=\sin^5 x$； (3) $y=\sin^2 3x$.

解 (1)解法 1 由内层函数向外层函数分解，就是由 x 确定 y 的顺序进行. 先由 x 获得内层函数 $u=\cos x$，再将 u 替换函数中的 $\cos x$ 得 $y=\mathrm{e}^u$.

于是函数 $y=\mathrm{e}^{\cos x}$ 是由 $y=\mathrm{e}^u$，$u=\cos x$ 复合而成的.

解法 2 由外层函数向内层函数分解，就是先确定外层函数 $y=\mathrm{e}^u$，再将 u 用 $\cos x$ 表示为 $u=\cos x$. 同样可得函数 $y=\mathrm{e}^{\cos x}$ 由 $y=\mathrm{e}^u$，$u=\cos x$ 复合而成.

(2)由内层函数向外层函数分解，就是由 x 确定 y 的顺序进行. 先由 x 获得内层函数 $u=\sin x$，再将 u 替换函数中的 $\sin x$ 得 $y=u^5$.

于是函数 $y=\sin^5 x$ 是由 $y=u^5$，$u=\sin x$ 复合而成的.

(3)函数 $y=\sin^2 3x$ 是由 $y=u^2$，$u=\sin v$，$v=3x$ 复合而成的.

定义 1.3 由基本初等函数经过有限次四则运算或复合所构成，并且能够用一个解析式表示的函数，称为**初等函数**.

例如，$y=\sqrt{x+4}+\cos x^2-a^{3x}$，$y=3x^3+2x^2-5$ 都是初等函数.

注意：

分段函数一般不是初等函数，但也有例外.

例如，分段函数 $f(x)=|x|=\begin{cases}-x, & x<0,\\ x, & x\geqslant 0,\end{cases}$ 由于它可以用一个数学式子 $y=\sqrt{x^2}$ 表示，所以也是初等函数.

七、函数与模型建立的步骤

现实社会中有各种复杂的现象，如何利用数学语言或者数学模型加以描述并解决，是我们关心的问题. 很多时候，这需要找出问题中变量之间的函数关系，再利用相关数学方法去分析解决问题. 下面将探讨如何将实际问题转化为数学模型的步骤，并通过实际案例加以说明.

一般地，无论我们所面临的实际问题复杂程度如何，采用数学方法解决问题大致上都分以下 5 个步骤进行.

步骤 1 确定问题的目标

我们解决实际问题首先需要明确问题的目标. 例如，安排生产任务，目标是研究生产函数，并使得其达到最优化.

步骤 2 探究问题的本质

影响问题的因素有很多，我们需要找出其中影响问题本质的重要因素，以及它们彼此间的关系．例如，影响电器销售量的因素包括售价、功能、公司信誉、售后服务、产品性能、广告力度、销售渠道等，要根据具体问题找出本质．

步骤3 建立数学模型

具体来说，数学模型就是为了某种目的，用字母、数字及其他数学符号建立起来的等式或不等式，以及图表、图像、框图等，用以描述客观事物的特征及其内在联系的数学结构表达式．

步骤4 利用数学方法进行分析求解

可以采用解方程、画图形、证明、逻辑运算、数值运算等各种传统的和近代的数学方法对建立的数学模型进行分析求解．特别是计算机技术的应用，因为一道实际问题的解决往往需要繁杂的计算，许多时候还得将系统运行情况用计算机模拟出来．

步骤5 模型检验及应用

将对模型分析求解的结果与实际现象、数据比较，检验模型的合理性、适用性．若检验通过，则将模型加以实际应用；若检验不通过，则需重新抽象简化，做假设，建立模型．

下面以一个大家常见的案例说明数学模型的建立过程．

【例12】(航行问题) 甲、乙两地相距750千米，船从甲地到乙地顺水航行需30小时，从乙地到甲地逆水航行需50小时，问船的速度是多少．

解 先作出简化假设(船速、水速为常数)；再用符号表示有关量，设x(千米/时)表示船速，y(千米/时)表示水速；再次，用物理定律(匀速运动的距离等于速度乘以时间)列出数学式子(二元一次方程)：

$$\begin{cases}(x+y)\times 30=750,\\(x-y)\times 50=750.\end{cases}$$

利用数学方法求解得$x=20$，$y=5$．

经检验符合实际情况．所以船的速度为20千米/时．

技能训练 1.1

1.下列各组函数，哪些是同一函数，哪些不是？

(1) $|x|$与$\sqrt{x^2}$；　　(2)x与$\sqrt[3]{x^3}$；

(3)$x-1$与$\dfrac{x^2-1}{x+1}$；　　(4)$2\ln x$与$\ln x^2$．

2. 下列各函数中，哪些可以构成复合函数？

(1)$f(u)=\arcsin(2+u)$，$u=x^2$；　　(2)$f(u)=\ln(1-u)$，$u=\sin 2x$；

(3)$f(u)=\sqrt{u}$，$u=\ln\dfrac{1}{2+x^2}$；　　(4)$f(u)=\arccos u$，$u=\dfrac{2x}{1+x^2}$．

3. 将下列复合函数进行分解：

(1)$f(x)=\sqrt{x^2-3x-4}$；　　(2)$f(x)=\mathrm{e}^{2x-3}$；

(3)$f(x)=\ln[\sin(2x-1)]$；　　(4)$f(x)=\arcsin(\sin x+1)$．

§1.2 极限

一、极限思想的引入

极限是微积分学中最基本的概念，它主要研究变量的变化趋势. 下面通过几个引例介绍极限的概念.

引例 1 我们都有过这样的经历，当我们走向路灯的时候，影子越来越短. 想象，若人可以逐渐走到路灯正下方那点时，其影子的长度将逐渐趋于零.

这个问题涉及以下几个量：人到路灯正下方的距离、人的高度、路灯的高度、影子的长度，分别设为 x，h，H，y. 如图 1-15.

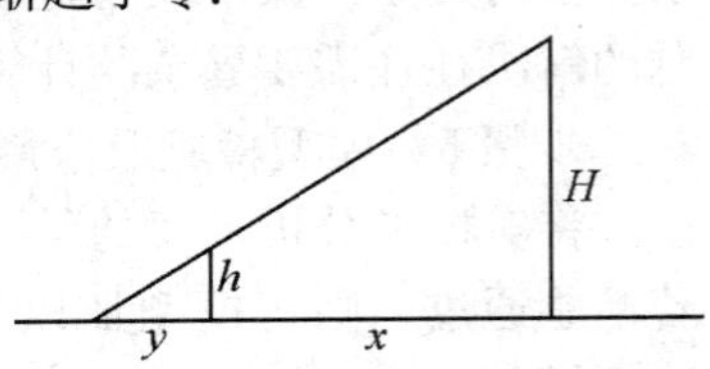

图 1-15

从而$\frac{y}{y+x}=\frac{h}{H}$，可以解得，影子的长度为 $y=\frac{hx}{H-h}$. 由此可见，影子长度 y 是人到路灯正下方的距离 x 的函数. 易知，当 x 无限趋近 0 时，y 也越来越接近 0，即若人可以逐渐走到路灯正下方那点时，其影子的长度将逐渐趋于 0.

引例 2 我国古代数学家刘徽早在公元 263 年就用“割圆求周长”(简称“割圆术”)的方法，算出 $\pi\approx3.14$. “割圆术”的主要思想即“割之弥细，所失弥小，割之又割，以至于不可割，则与圆合体而无所失矣”. 具体做法要点就是，先把直径为 1 的圆均等划分成六等份，求得内接正六边形的周长为 3；再平分各弧求内接正十二边形的周长为$12\times\frac{1}{2}\times\frac{\sin 30^\circ}{\sin 75^\circ}\approx3.105\ 828\ 54$；再次平分各弧求内接正二十四边形的周长为 $24\times\frac{1}{2}\times\frac{\sin 15^\circ}{\sin 82.5^\circ}\approx3.132\ 628\ 61$. 将以上过程无限地继续下去，就得到一个数列，若记 a_n 为其通项，则 a_n 的值就是正 3×2^n 边形的周长，如表 1-3.

表 1-3

序号 n	内接正多边形边数(3×2^n)	正多边形周长 a_n
1	6	3.000 000 00
2	12	3.105 828 54
3	24	3.132 628 61
4	48	3.139 350 20
5	96	3.141 031 94
6	192	3.141 452 47
7	384	3.141 557 61
8	768	3.141 583 89
9	1 536	3.141 590 46
10	3 072	3.141 592 11

由表 1-3 可以看到，数列$\{a_n\}$的通项 a_n 随着 n 的无限增大而无限地接近于圆的周长 π.

通过以上引例可以看出，当函数的自变量(或数列的项数)有某种变化趋势时，函数值(或数列的通项)无限趋近某一确定的常数. 这一确定的常数即为函数(或数列)的极限.

二、极限的概念

1. 数列的极限

(1)数列的定义

定义 1.4 按一定顺序排列的一列数 a_1，a_2，…，a_n，…叫做一个**数列**，数列中的每一个数叫做数列的**项**，第 n 项 a_n 叫做数列的**一般项**或**通项**. 上述数列可简记为$\{a_n\}$.

例如：

①$1，\frac{1}{2}，\frac{1}{3}，\frac{1}{4}，…，\frac{1}{n}，…$；

②$\frac{1}{2}，\frac{2}{3}，\frac{3}{4}，\frac{4}{5}，…，\frac{n}{n+1}，…$；

③$1，0，1，0，…，\frac{(-1)^{n+1}+1}{2}，…$；

④$1，2，3，4，…，n，…$

等都是数列.

一般而言，当 n 无限增大时(记做 $n\to\infty$)，数列的变化趋势有三种情形：

①a_n"无限趋近"某个常数 A，如上例中的①，②；

②a_n 的变化趋势不定，如上例中的③；

③a_n 的绝对值无限增大，如上例中的④.

情形①具有广泛的现实意义. 为此，作为数学抽象，我们称数列$\{a_n\}$当 n 无限增大时，a_n 以常数 A 为极限. 这就是数列极限的直观数学描述.

(2)数列极限的定义

定义 1.5 对于数列$\{a_n\}$，如果当 n 无限增大时($n\to\infty$)，a_n 无限趋向于一个确定的常数 A，则称当 n 趋向于无穷大时，数列$\{a_n\}$以 A 为**极限**. 记做

$$\lim_{n\to\infty}a_n=A \text{ 或 } a_n\to A(n\to\infty).$$

数列$\{a_n\}$以 A 为极限，亦称数列$\{a_n\}$收敛于常数 A；如果数列$\{a_n\}$没有极限，就称数列$\{a_n\}$发散.

【例 1】 长 1 米的木棒，每天截去一半，无限制地进行下去，那么剩下部分的长构成一数列：$\frac{1}{2}，\frac{1}{2^2}，\frac{1}{2^3}，…，\frac{1}{2^n}，…$通项为$\frac{1}{2^n}$. 求此数列的极限.

解 $\lim\limits_{n\to\infty}\frac{1}{2^n}=0$，即数列$\left\{\frac{1}{2^n}\right\}$以 0 为极限. 这时，也称该数列收敛于 0.

【例 2】 设数列 $x_n=1+q+q^2+\cdots+q^n$(其中 q 是常数，且满足 $|q|<1$)，求

$\lim\limits_{n\to\infty}x_n$.

解 因为 $x_n=1+q+q^2+\cdots+q^n=\dfrac{1-q^{n+1}}{1-q}$,

由于 $|q|<1$，所以当 n 无限增大时，q^{n+1} 无限趋向于 0，所以 $\dfrac{1-q^{n+1}}{1-q}$ 无限趋向于 $\dfrac{1}{1-q}$，因此 $\lim\limits_{n\to\infty}x_n=\dfrac{1}{1-q}$.

【例 3】 求 $\lim\limits_{n\to\infty}(\sqrt{n+1}-\sqrt{n})$.

解 $\sqrt{n+1}-\sqrt{n}=\dfrac{(\sqrt{n+1}-\sqrt{n})\cdot(\sqrt{n+1}+\sqrt{n})}{\sqrt{n+1}+\sqrt{n}}=\dfrac{1}{\sqrt{n+1}+\sqrt{n}}$.

因为当 n 无限增大时，$\dfrac{1}{\sqrt{n+1}+\sqrt{n}}$ 无限趋向于 0，所以有 $\lim\limits_{n\to\infty}(\sqrt{n+1}-\sqrt{n})=0$.

2. $x\to\infty$ 时，函数 $f(x)$ 的极限

x 趋向于无穷大可以分为三种情形：

(1) x 趋向于正无穷大，记做 $x\to+\infty$，表示 x 正向无限增大的过程；

(2) x 趋向于负无穷大，记做 $x\to-\infty$，表示 $x<0$ 且 $|x|$ 无限增大的过程；

(3) x 趋向于无穷大，记做 $x\to\infty$，表示 $|x|$ 无限增大的过程.

观察函数 $f(x)=\dfrac{1}{x-1}$ 的图像(如图 1-16)，可以看出，当自变量 x 正向无限增大时(记做 $x\to+\infty$)，函数 $f(x)=\dfrac{1}{x-1}$ 无限趋向于常数 0，此时我们称 0 为这个函数当 $x\to+\infty$ 时的极限.

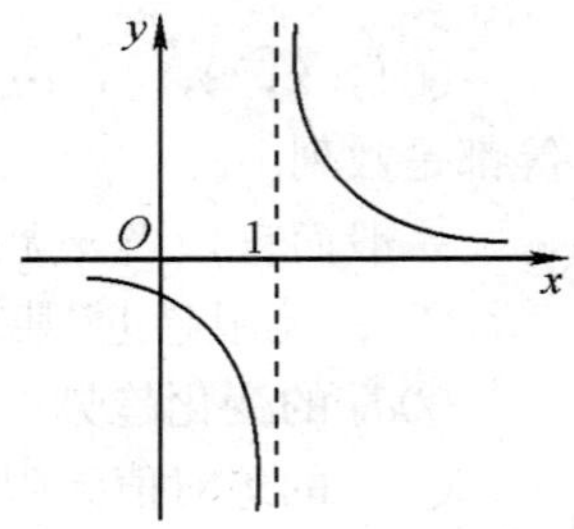

图 1-16

定义 1.6 设函数 $f(x)$ 在 $[a,+\infty)$ 内有定义，若当 x 正向无限增大($x\to+\infty$)时，函数值 $f(x)$ 无限趋向于一个确定的常数 A，即 $|f(x)-A|$ 变小，无限趋向于 0，则称 A 为 $x\to+\infty$ 时函数 $f(x)$ 的极限，记做

$$\lim_{x\to+\infty}f(x)=A \text{ 或 } f(x)\to A\quad(x\to+\infty).$$

【例 4】 利用定义 1.6 说明 $\lim\limits_{x\to+\infty}\dfrac{x-3}{x}=1$.

解 因为 $\left|\dfrac{x-3}{x}-1\right|=\left|\dfrac{-3}{x}\right|=\dfrac{3}{|x|}$,

当 $x\to+\infty$ 时，显然 $\dfrac{3}{|x|}$ 无限趋向于 0，因此由定义 1.6 知，$\lim\limits_{x\to+\infty}\dfrac{x-3}{x}=1$.

类似地可引入当 $x\to-\infty$ 和 $x\to\infty$ 时函数 $f(x)$ 的极限.

定义 1.7 设函数 $f(x)$ 在 $(-\infty,a]$ 内有定义，若当 x 取负值且绝对值无限增大($x\to-\infty$)时，函数值 $f(x)$ 无限趋向于一个确定的常数 A，即 $|f(x)-A|$ 变小，无限趋向于 0，则称 A 为 $x\to-\infty$ 时函数 $f(x)$ 的极限，记为

$$\lim_{x\to-\infty} f(x)=A \text{ 或 } f(x)\to A \quad (x\to-\infty).$$

【例 5】 结合函数图像求 $\lim\limits_{x\to-\infty} 3^x$.

解 观察函数 $y=3^x$ 的图像(如图 1-17)，当 $x\to-\infty$时，$3^x\to 0$，即得 $\lim\limits_{x\to-\infty} 3^x=0$.

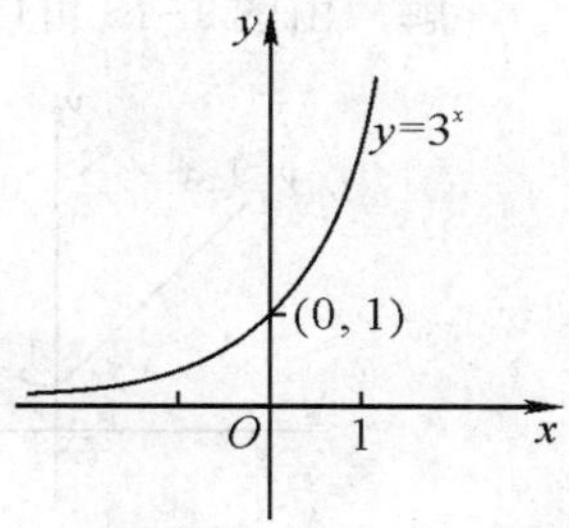

图 1-17

定义 1.8 设函数 $f(x)$在 $|x|>a(a>0)$时有定义，若当 $|x|$ 无限增大($x\to\infty$)时，函数值 $f(x)$无限趋向于一个确定的常数 A，即 $|f(x)-A|$ 变小，无限趋向于 0，则称 A 为 $x\to\infty$时函数 $f(x)$的极限，记为

$$\lim_{x\to\infty} f(x)=A \text{ 或 } f(x)\to A \quad (x\to\infty).$$

3. $x\to x_0$ 时，函数 $f(x)$的极限

$x\to x_0$ 可以分为三种情形：

(1)$x\to x_0$，它表示 x 无限趋向于x_0，即 $x\neq x_0$，同时 $|x-x_0|$ 无限变小趋向于 0；

(2)$x\to x_0^+$，它表示 x 从点 x_0 的右侧无限趋向于 x_0，即 $x>x_0$，同时 $|x-x_0|$ 无限变小趋向于 0；

(3)$x\to x_0^-$，它表示 x 从点 x_0 的左侧无限趋向于 x_0，即 $x<x_0$，同时 $|x-x_0|$ 无限变小趋向于 0.

定义 1.9 设函数 $f(x)$在点 x_0 的某邻域(x_0 本身可以除外)内有定义，若当 x 无限趋向于 x_0，即 $x\to x_0$ 时，函数 $f(x)$无限趋向于一个确定的常数 A，则称 A 为函数 $f(x)$当 $x\to x_0$ 时的极限. 记为

$$\lim_{x\to x_0} f(x)=A \text{ 或 } f(x)\to A \quad (x\to x_0).$$

定义 1.10 设函数 $f(x)$在点 x_0 的某邻域(x_0 本身可以除外)内有定义，若当 $x\to x_0^-$ 时，函数 $f(x)$无限趋向于一个确定的常数 A，则称 A 为函数 $f(x)$当 $x\to x_0$ 时的左极限，记为

$$\lim_{x\to x_0^-} f(x)=A \text{ 或 } f(x)\to A \quad (x\to x_0^-).$$

设函数 $f(x)$在点 x_0 的某邻域(x_0 本身可以除外)内有定义，若当 $x\to x_0^+$ 时，函数 $f(x)$无限趋向于一个确定的常数 A，则称 A 为函数 $f(x)$当 $x\to x_0$ 时的右极限，记为

$$\lim_{x\to x_0^+} f(x)=A \text{ 或 } f(x)\to A \quad (x\to x_0^+).$$

定理 1.1 极限$\lim\limits_{x\to x_0} f(x)=A$ 的充要条件是 $\lim\limits_{x\to x_0^+} f(x)=\lim\limits_{x\to x_0^-} f(x)=A$.

【例 6】 考察函数 $f(x)=\dfrac{|x|}{x}$在 $x=0$ 处的极限.

解 因为当 $x<0$ 时，$|x|=-x$；当 $x>0$ 时，$|x|=x$；

所以，$\lim\limits_{x\to0^-}\dfrac{|x|}{x}=\lim\limits_{x\to0^-}\dfrac{-x}{x}=-1$，$\lim\limits_{x\to0^+}\dfrac{|x|}{x}=\lim\limits_{x\to0^+}\dfrac{x}{x}=1$，

由定理 1.1 可知，$\lim\limits_{x\to0}\dfrac{|x|}{x}$不存在.

【例 7】 设 $f(x)=\begin{cases}1-x, & x<0,\\ x^2+1, & x\geqslant 0,\end{cases}$ 试求 $\lim\limits_{x\to 0^-}f(x)$ 和 $\lim\limits_{x\to 0^+}f(x)$.

解 由图 1-18 可以得到 $\lim\limits_{x\to 0^-}f(x)=\lim\limits_{x\to 0^-}(1-x)=1$，$\lim\limits_{x\to 0^+}f(x)=\lim\limits_{x\to 0^+}(x^2+1)=1$.

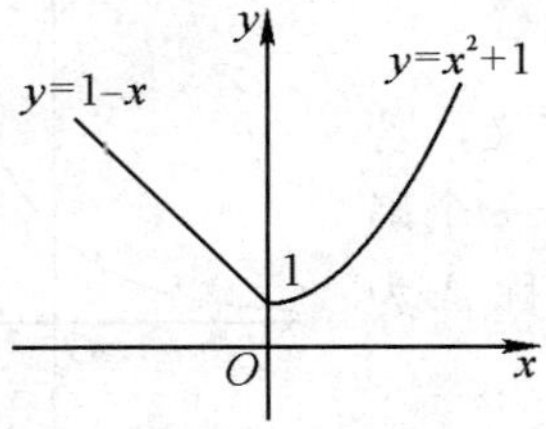

图 1-18

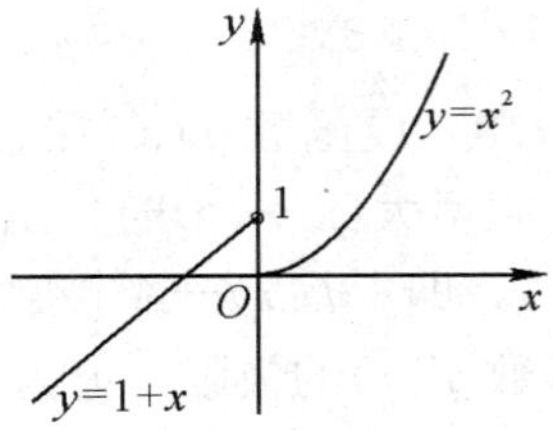

图 1-19

【例 8】 设 $f(x)=\begin{cases}1+x, & x<0,\\ x^2, & x\geqslant 0,\end{cases}$ 试求 $\lim\limits_{x\to 0^-}f(x)$ 和 $\lim\limits_{x\to 0^+}f(x)$.

解 由图 1-19 可以得到 $\lim\limits_{x\to 0^-}f(x)=\lim\limits_{x\to 0^-}(1+x)=1$，$\lim\limits_{x\to 0^+}f(x)=\lim\limits_{x\to 0^+}x^2=0$.

一般地对于初等函数都有：设$(x_0-\delta,\ x_0+\delta)$中的点都是基本初等函数 $f(x)$ 定义域中的点，则 $\lim\limits_{x\to x_0}f(x)=f(x_0)$.

【例 9】 求下列函数的极限：

(1) $\lim\limits_{x\to 3}\sin x^2$；　(2) $\lim\limits_{x\to 2}\mathrm{e}^{-x}\ln x$；　(3) $\lim\limits_{x\to 2}\dfrac{x^2}{x-3}$.

解 (1) $\lim\limits_{x\to 3}\sin x^2=\sin 3^2=\sin 9$；

(2) $\lim\limits_{x\to 2}\mathrm{e}^{-x}\ln x=\mathrm{e}^{-2}\ln 2$；

(3) $\lim\limits_{x\to 2}\dfrac{x^2}{x-3}=\dfrac{2^2}{2-3}=-4$.

三、极限的运算法则

对于函数的极限，有以下几种类型：

$$x\to x_0,\ x\to {x_0}^+,\ x\to {x_0}^-,\ x\to\infty,\ x\to+\infty,\ x\to-\infty.$$

这些类型的极限，除了自变量的变化过程不同之外，其本质是完全一致的，因此，以下法则仅以 $x\to x_0$ 的变化过程给出，对于其他类型，其结论是一致的.

定理 1.2 (极限的四则运算法则)

如果 $\lim\limits_{x\to x_0}f(x)=A$，$\lim\limits_{x\to x_0}g(x)=B$，那么

(1) $\lim\limits_{x\to x_0}[f(x)\pm g(x)]=\lim\limits_{x\to x_0}f(x)\pm\lim\limits_{x\to x_0}g(x)=A\pm B$；

(2) $\lim\limits_{x\to x_0}[f(x)\cdot g(x)]=\lim\limits_{x\to x_0}f(x)\cdot\lim\limits_{x\to x_0}g(x)=A\cdot B$；

(3) 当 $\lim\limits_{x\to x_0}g(x)=B\neq 0$ 时，$\lim\limits_{x\to x_0}\dfrac{f(x)}{g(x)}=\dfrac{\lim\limits_{x\to x_0}f(x)}{\lim\limits_{x\to x_0}g(x)}=\dfrac{A}{B}$.

推论 1 当$\lim\limits_{x\to x_0} f_i(x)=A_i(i=1, 2, \cdots, n)$时，$\lim\limits_{x\to x_0}\sum\limits_{i=1}^{n} f_i(x)=\sum\limits_{i=1}^{n} A_i$.

推论 2 如果$\lim\limits_{x\to x_0} f(x)$存在，而 c 为常数，则

$$\lim_{x\to x_0}[cf(x)]=c\lim_{x\to x_0} f(x).$$

推论 3 当$\lim\limits_{x\to x_0} f_i(x)=A_i(i=1,2,\cdots,n)$时，$\lim\limits_{x\to x_0}\prod\limits_{i=1}^{n} f_i(x)=\prod\limits_{i=1}^{n} A_i$.

推论 4 $\lim\limits_{x\to x_0}[f(x)]^n=[\lim\limits_{x\to x_0} f(x)]^n$.

定理 1.3 若$\lim\limits_{x\to x_0} u(x)=A$，且 $f[\lim\limits_{x\to x_0} u(x)]$有意义，则

$$\lim_{x\to x_0} f[u(x)]=f[\lim_{x\to x_0} u(x)].$$

【例 10】 求$\lim\limits_{x\to 3}\dfrac{x^2+1}{x-4}$.

解 $\lim\limits_{x\to 3}\dfrac{x^2+1}{x-4}=\dfrac{\lim\limits_{x\to 3}(x^2+1)}{\lim\limits_{x\to 3}(x-4)}=\dfrac{\lim\limits_{x\to 3}x^2+\lim\limits_{x\to 3}1}{\lim\limits_{x\to 3}x-\lim\limits_{x\to 3}4}=\dfrac{9+1}{3-4}=-10.$

【例 11】 利用极限运算法则求下列极限：

(1)$\lim\limits_{x\to\infty} 2^{\frac{1}{x}}$； (2)$\lim\limits_{x\to 1}\cos(2x-2)$.

解 (1)因为$\lim\limits_{x\to\infty}\dfrac{1}{x}=0$，所以$\lim\limits_{x\to\infty} 2^{\frac{1}{x}}=2^0=1$；

(2)因为$\lim\limits_{x\to 1}(2x-2)=0$，所以$\lim\limits_{x\to 1}\cos(2x-2)=1$.

【例 12】 求下列极限：

(1)$\lim\limits_{x\to 1}\dfrac{2x^2-3}{x+2}$； (2)$\lim\limits_{x\to 3}\dfrac{x^2-9}{x^2-5x+6}$；

(3)$\lim\limits_{x\to 1}\left(\dfrac{2}{1-x^2}-\dfrac{1}{1-x}\right)$； (4)$\lim\limits_{x\to 0}\dfrac{\sqrt{1+2x}-1}{x}$.

解 (1)$\lim\limits_{x\to 1}\dfrac{2x^2-3}{x+2}=\dfrac{\lim\limits_{x\to 1}(2x^2-3)}{\lim\limits_{x\to 1}(x+2)}=-\dfrac{1}{3}$.

(2)当 $x\to 3$ 时，分子、分母的极限均为 0，此极限呈现$\dfrac{0}{0}$型，不能直接用商的极限运算法则. 可先分解因式，约去使分子、分母为 0 的公因式，再用商的极限运算法则.

$$\lim_{x\to 3}\frac{x^2-9}{x^2-5x+6}=\lim_{x\to 3}\frac{(x-3)(x+3)}{(x-3)(x-2)}=\lim_{x\to 3}\frac{x+3}{x-2}=6.$$

(3)当 $x\to 1$ 时，$\dfrac{2}{1-x^2}$和$\dfrac{1}{1-x}$的极限均不存在，此极限呈现$\infty-\infty$型，不能直接用“差的极限等于极限的差”的运算法则. 可先进行通分化简，再用商的极限运算法则.

$$\lim_{x\to 1}\left(\frac{2}{1-x^2}-\frac{1}{1-x}\right)=\lim_{x\to 1}\frac{2-(1+x)}{1-x^2}=\lim_{x\to 1}\frac{1-x}{(1-x)(1+x)}=\lim_{x\to 1}\frac{1}{1+x}=\frac{1}{2}.$$

(4)当 $x\to 0$ 时，分子、分母的极限均为 0，不能直接用商的极限运算法则. 可先进

行分子有理化，分子、分母同时乘以$\sqrt{1+2x}+1$，然后再求极限.

$$\lim_{x\to 0}\frac{\sqrt{1+2x}-1}{x}=\lim_{x\to 0}\frac{(\sqrt{1+2x}-1)(\sqrt{1+2x}+1)}{x(\sqrt{1+2x}+1)}$$

$$=\lim_{x\to 0}\frac{2x}{x(\sqrt{1+2x}+1)}=\lim_{x\to 0}\frac{2}{\sqrt{1+2x}+1}=1.$$

注意：

(1)运用极限运算法则求极限时，必须保证每项极限都存在(对于除法，分母极限不为0)才能使用.

(2)求函数极限时，经常出现$\frac{0}{0}$，$\infty-\infty$等类型，它们都不能直接运用极限运算法则，必须对原式进行恒等变换、化简，然后再求极限. 常使用的有以下几种方法.

①对于$\infty-\infty$型，一般需先通分、化简，再求极限；

②对于$\frac{0}{0}$型，分子、分母进行因式分解，消去零因式，再求极限；

③对于$\frac{0}{0}$型，含无理式的，一般需要进行有理化，消去零因式，再求极限.

【例 13】 求下列极限：

(1)$\lim\limits_{x\to\infty}\frac{2x^2+3x+1}{5x^2+4x+3}$；(2)$\lim\limits_{x\to\infty}\frac{5x^2+4x-1}{3x^3+2x-5}$；(3)$\lim\limits_{x\to\infty}\frac{3x^3-x+2}{2x^2+1}$.

解 求有理分式函数当自变量趋于无穷大时的极限时，用分式中自变量的最高次幂分别去除分子、分母，化为能用法则求极限的形式再求极限.

(1)将分子、分母同时除以x的最高次幂x^2，得

$$\lim_{x\to\infty}\frac{2x^2+3x+1}{5x^2+4x+3}=\lim_{x\to\infty}\frac{2+\frac{3}{x}+\frac{1}{x^2}}{5+\frac{4}{x}+\frac{3}{x^2}}=\frac{2+0+0}{5+0+0}=\frac{2}{5}.$$

(2)将分子、分母同时除以x的最高次幂x^3，得

$$\lim_{x\to\infty}\frac{5x^2+4x-1}{3x^3+2x-5}=\lim_{x\to\infty}\frac{\frac{5}{x}+\frac{4}{x^2}-\frac{1}{x^3}}{3+\frac{2}{x^2}-\frac{5}{x^3}}=\frac{0+0+0}{3+0+0}=0.$$

(3)将分子、分母同时除以x的最高次幂x^3，得

$$\lim_{x\to\infty}\frac{3x^3-x+2}{2x^2+1}=\lim_{x\to\infty}\frac{3-\frac{1}{x^2}+\frac{2}{x^3}}{\frac{2}{x}+\frac{1}{x^3}}.$$

因为$\lim\limits_{x\to\infty}\frac{\frac{2}{x}+\frac{1}{x^3}}{3-\frac{1}{x^2}+\frac{2}{x^3}}=0$，所以$\lim\limits_{x\to\infty}\frac{3-\frac{1}{x^2}+\frac{2}{x^3}}{\frac{2}{x}+\frac{1}{x^3}}$不存在.

由于$\lim\limits_{x\to\infty}\dfrac{3-\dfrac{1}{x^2}+\dfrac{2}{x^3}}{\dfrac{2}{x}+\dfrac{1}{x^3}}$是无限增大的，所以记$\lim\limits_{x\to\infty}\dfrac{3x^3-x+2}{2x^2+1}=\infty$.

总结例 13 的结果，可以得出，对于当$x\to\infty$时的有理分式函数的极限，可将分子、分母同时除以x的最高次幂，然后再求极限．当$a_0\neq0$，$b_0\neq0$，m和n为非负整数时，其结果表示如下：

$$\lim_{x\to\infty}\frac{a_0x^m+a_1x^{m-1}+\cdots+a_m}{b_0x^n+b_1x^{n-1}+\cdots+b_n}=\begin{cases}\dfrac{a_0}{b_0}, & n=m;\\ 0, & n>m;\\ \infty, & n<m.\end{cases}$$

四、两个重要极限

1. 第一个重要极限$\lim\limits_{x\to0}\dfrac{\sin x}{x}=1$

观察函数$y=\dfrac{\sin x}{x}$的图像(如图 1-20)及其数值计算结果(如表 1-4)，从中可以看出：当$x\to0$时，$\dfrac{\sin x}{x}\to1$，即$\lim\limits_{x\to0}\dfrac{\sin x}{x}=1$.

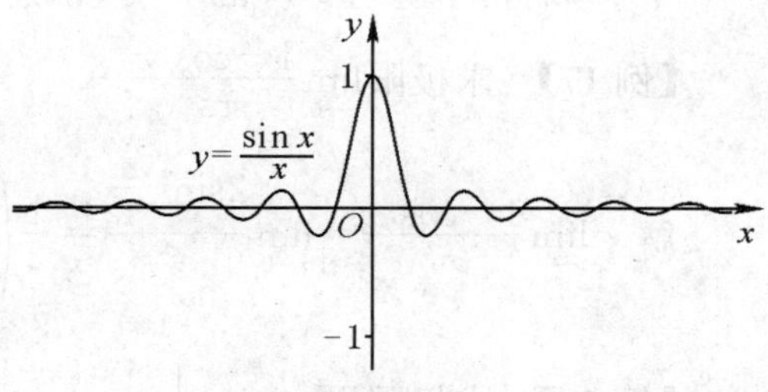

图 1-20

表 1-4

x	$\dfrac{\sin x}{x}$
0.1	0.998 334 166 468 281 547 501 8
0.01	0.999 983 333 416 666 453 352 7
0.001	0.999 999 833 333 341 636 709 7
0.000 1	0.999 999 998 333 333 417 477 3
0.000 01	0.999 999 999 983 333 220 932 0
0.000 001	0.999 999 999 999 833 355 524 0
→0	→1

这个重要极限主要解决含有三角函数的$\dfrac{0}{0}$型极限．可以推广到一般化的情形：

$$\lim_{\varphi(x)\to0}\frac{\sin\varphi(x)}{\varphi(x)}=1.$$

【例 14】 求极限$\lim\limits_{x\to0}\dfrac{\tan x}{x}$.

解 本题是含有三角函数的$\dfrac{0}{0}$型极限，故可以用第一重要极限进行求解.

$$\lim_{x\to 0}\frac{\tan x}{x}=\lim_{x\to 0}\frac{\frac{\sin x}{\cos x}}{x}=\lim_{x\to 0}\frac{\sin x}{x}\cdot\lim_{x\to 0}\frac{1}{\cos x}=1.$$

【例 15】 求极限$\lim\limits_{x\to 0}\dfrac{\sin kx}{x}$.

解 将 kx 看做一个新变量，即令 $t=kx$，则当 $x\to 0$ 时，$t=kx\to 0$，于是利用第一个重要极限可得

$$\lim_{x\to 0}\frac{\sin kx}{x}=\lim_{x\to 0}\frac{\sin kx}{kx}\cdot k=k\cdot\lim_{t\to 0}\frac{\sin t}{t}=k\cdot 1=k.$$

【例 16】 求极限$\lim\limits_{x\to 0}\dfrac{\sin ax}{\sin bx}(a\neq 0,\ b\neq 0)$.

解 $\lim\limits_{x\to 0}\dfrac{\sin ax}{\sin bx}=\lim\limits_{x\to 0}\left(\dfrac{\sin ax}{ax}\cdot\dfrac{bx}{\sin bx}\cdot\dfrac{ax}{bx}\right)=\lim\limits_{x\to 0}\dfrac{\sin ax}{ax}\cdot\lim\limits_{x\to 0}\dfrac{bx}{\sin bx}\cdot\lim\limits_{x\to 0}\dfrac{ax}{bx}=\dfrac{a}{b}$.

【例 17】 求极限$\lim\limits_{x\to 0}\dfrac{1-\cos x}{x^2}$.

解 $\lim\limits_{x\to 0}\dfrac{1-\cos x}{x^2}=\lim\limits_{x\to 0}\dfrac{2\sin^2\dfrac{x}{2}}{x^2}=\dfrac{1}{2}\left(\lim\limits_{x\to 0}\dfrac{\sin\dfrac{x}{2}}{\dfrac{x}{2}}\right)^2=\dfrac{1}{2}$.

【例 18】 求极限$\lim\limits_{x\to\infty}x\sin\dfrac{1}{x}$.

解 $\lim\limits_{x\to\infty}x\sin\dfrac{1}{x}=\lim\limits_{x\to\infty}\dfrac{\sin\dfrac{1}{x}}{\dfrac{1}{x}}\overset{t=\frac{1}{x}}{=\!=\!=}\lim\limits_{t\to 0}\dfrac{\sin t}{t}=1$.

2. 第二个重要极限$\lim\limits_{x\to\infty}\left(1+\dfrac{1}{x}\right)^x=\mathrm{e}$

实际上，$\lim\limits_{x\to\infty}\left(1+\dfrac{1}{x}\right)^x$ 是幂的极限，当 $x\to-\infty$ 和 $x\to+\infty$ 时，函数 $y=\left(1+\dfrac{1}{x}\right)^x$ 的对应值的变化如表 1-5.

表 1-5

x	…	$-100\ 000$	$-1\ 000$	-100	100	1 000	100 000	…
$\left(1+\frac{1}{x}\right)^x$	…	2.718	2.720	2.732	2.705	2.717	2.718	…

从表 1-5 中可以看出，当 $x\to\pm\infty$ 时，函数 $y=\left(1+\dfrac{1}{x}\right)^x$ 的变化趋势是稳定的. 可以证明当 $x\to\infty$ 时，$\lim\limits_{x\to\infty}\left(1+\dfrac{1}{x}\right)^x$ 存在，且等于 e.

$\lim\limits_{x\to\infty}\left(1+\dfrac{1}{x}\right)^x=\mathrm{e}$ 就是第二个重要极限，此极限还可以写成另外三种形式：

(1) $\lim\limits_{x\to 0}(1+x)^{\frac{1}{x}}=\mathrm{e}$(由变换 $u=\dfrac{1}{x}$，可以得到)；

(2) $\lim\limits_{u(x)\to 0}[1+u(x)]^{\frac{1}{u(x)}}=\mathrm{e}$；

(3) $\lim\limits_{u(x)\to\infty}\left[1+\dfrac{1}{u(x)}\right]^{u(x)}=\mathrm{e}$.

第二个重要极限主要用于求 1^{∞} 型极限.

【例 19】 求极限$\lim\limits_{x\to\infty}\left(1+\dfrac{1}{x}\right)^{6x}$.

解 $\lim\limits_{x\to\infty}\left(1+\dfrac{1}{x}\right)^{6x}=\lim\limits_{x\to\infty}\left[\left(1+\dfrac{1}{x}\right)^{x}\right]^{6}=\left[\lim\limits_{x\to\infty}\left(1+\dfrac{1}{x}\right)^{x}\right]^{6}=\mathrm{e}^{6}$.

【例 20】 求极限$\lim\limits_{x\to\infty}\left(\dfrac{x+1}{x-1}\right)^{x}$.

解 $\lim\limits_{x\to\infty}\left(\dfrac{x+1}{x-1}\right)^{x}=\lim\limits_{x\to\infty}\dfrac{\left(1+\dfrac{1}{x}\right)^{x}}{\left(1-\dfrac{1}{x}\right)^{x}}=\dfrac{\lim\limits_{x\to\infty}\left(1+\dfrac{1}{x}\right)^{x}}{\lim\limits_{x\to\infty}\left[\left(1-\dfrac{1}{x}\right)^{-x}\right]^{-1}}=\dfrac{\mathrm{e}}{\mathrm{e}^{-1}}=\mathrm{e}^{2}$.

【例 21】 求极限$\lim\limits_{x\to\infty}\left(1+\dfrac{1}{x}\right)^{x+2}$.

解 $\lim\limits_{x\to\infty}\left(1+\dfrac{1}{x}\right)^{x+2}=\lim\limits_{x\to\infty}\left(1+\dfrac{1}{x}\right)^{x}\cdot\left(1+\dfrac{1}{x}\right)^{2}=\lim\limits_{x\to\infty}\left(1+\dfrac{1}{x}\right)^{x}\cdot\lim\limits_{x\to\infty}\left(1+\dfrac{1}{x}\right)^{2}$

$=\mathrm{e}\cdot 1=\mathrm{e}$.

【例 22】 求极限$\lim\limits_{x\to\infty}\left(\dfrac{x}{x+1}\right)^{2x+3}$.

解 $\lim\limits_{x\to\infty}\left(\dfrac{x}{x+1}\right)^{2x+3}=\lim\limits_{x\to\infty}\left(1-\dfrac{1}{x+1}\right)^{(2x+2)+1}=\lim\limits_{x\to\infty}\left(1-\dfrac{1}{x+1}\right)^{2(x+1)}\cdot\lim\limits_{x\to\infty}\left(1-\dfrac{1}{x+1}\right)$

$=\lim\limits_{x\to\infty}\left(1+\dfrac{-1}{x+1}\right)^{-(x+1)(-2)}=\mathrm{e}^{-2}$.

五、极限的应用

【例 23】 细菌培养.

已知在时刻 t(min)容器中的细菌个数为 $y=10^{4}\times 2^{kt}$(k 为常数).

(1)若经过 30 min，细菌个数增加 1 倍，求 k 值；

(2)预测 $t\to\infty$时容器中细菌的个数.

解 (1)因为时刻 t 时，容器中的细菌个数为 $y=10^{4}\times 2^{kt}$，经过 30 min，即 $t+30$ 时，细菌个数为 $10^{4}\times 2^{k(t+30)}$. 由题意可知，

$$10^{4}\times 2^{k(t+30)}=2\times 10^{4}\times 2^{kt}.$$

解得 $k=\dfrac{1}{30}$.

(2)预测 $t\to\infty$时容器中细菌的个数，即求$\lim\limits_{t\to\infty}10^{4}\times 2^{\frac{1}{30}t}$.

$$\lim_{t\to\infty}10^{4}\times 2^{\frac{1}{30}t}=10^{4}\times\lim_{t\to\infty}2^{\frac{1}{30}t}=\infty.$$

由此可知，当时间无限增大时，容器中细菌的个数也无限增大.

【例 24】 产品价格预测.

设一产品的价格满足 $P(t)=20-20\mathrm{e}^{-0.5t}$(单位：元)，随着时间的推移，产品价格会随之变化，请你对该产品的长期价格作出预测.

解 我们通过求产品价格在 $t\to\infty$ 时的极限来分析该产品的长期价格.

$$\lim_{t\to\infty}P(t)=\lim_{t\to\infty}(20-20\mathrm{e}^{-0.5t})=\lim_{t\to\infty}20-\lim_{t\to\infty}20\mathrm{e}^{-0.5t}$$
$$=20-20\lim_{t\to\infty}\mathrm{e}^{-0.5t}=20.$$

即该产品的长期价格为 20 元.

【例 25】 产品利润中的极限问题.

已知某厂生产 x 个汽车轮胎的成本为

$$C(x)=300+\sqrt{1+x^2}\text{(单位：百元)},$$

则生产这 x 个汽车轮胎的平均成本为 $\dfrac{C(x)}{x}$. 当产量非常大时，每个轮胎的平均成本趋近于 $\lim\limits_{x\to\infty}\dfrac{C(x)}{x}$，试求这个极限.

解 $$\lim_{x\to\infty}\frac{C(x)}{x}=\lim_{x\to\infty}\frac{300+\sqrt{1+x^2}}{x}=\lim_{x\to\infty}\frac{300}{x}+\lim_{x\to\infty}\frac{\sqrt{1+x^2}}{x}$$
$$=\lim_{x\to\infty}\frac{300}{x}+\lim_{x\to\infty}\sqrt{\frac{1}{x^2}+1}=0+1=1.$$

即当产量非常大时，每个轮胎的平均成本趋近于 100 元.

技能训练 1.2

1. 设 $f(x)=\sqrt{x}$，求 $\lim\limits_{t\to0}\dfrac{f(x+t)-f(x)}{t}$.

2. 设函数 $f(x)=\begin{cases}x^2+1, & x\geqslant2,\\ 2x+1, & x<2,\end{cases}$ 求 $\lim\limits_{x\to2^-}f(x)$，$\lim\limits_{x\to2^+}f(x)$，$\lim\limits_{x\to2}f(x)$.

3. 求下列极限：

(1) $\lim\limits_{x\to-2}(2x^2-x+5)$；

(2) $\lim\limits_{x\to1}\dfrac{x^2-3}{x^4+x^2+1}$；

(3) $\lim\limits_{x\to0}\left(1-\dfrac{2}{x-3}\right)$；

(4) $\lim\limits_{x\to\infty}\dfrac{2x^2-x}{x^2+4}$；

(5) $\lim\limits_{x\to0}\dfrac{1-\sqrt{1+x^2}}{x^2}$；

(6) $\lim\limits_{n\to\infty}\left(\dfrac{1}{n^2}+\dfrac{2}{n^2}+\cdots+\dfrac{n}{n^2}\right)$；

(7) $\lim\limits_{x\to+\infty}\dfrac{\sqrt{x^2+2x+2}-1}{x}$；

(8) $\lim\limits_{x\to1}\dfrac{x^3-1}{x-1}$；

(9) $\lim\limits_{x\to+\infty}x(\sqrt{9x^2+1}-3x)$；

(10) $\lim\limits_{x\to1}\dfrac{\sqrt{2-x}-\sqrt{x}}{1-x}$；

(11) $\lim\limits_{x\to+\infty}\dfrac{(x-1)^{10}(2x-3)^{10}}{(3x-5)^{20}}$.

4. 已知$\lim\limits_{x\to 1}\dfrac{x^2-ax+6}{x-1}=-5$，求$a$.

5. 求下列极限：

(1)$\lim\limits_{x\to 0}\dfrac{\sin 5x}{\sin 2x}$； (2)$\lim\limits_{x\to 0}\dfrac{\tan 2x-\sin x}{x}$；

(3)$\lim\limits_{x\to 0}\dfrac{\cos x-\cos 3x}{x^2}$； (4)$\lim\limits_{x\to 0}\dfrac{\tan(2x+x^3)}{\sin(x-x^2)}$.

6. 求下列极限：

(1)$\lim\limits_{x\to\infty}\left(1+\dfrac{4}{x}\right)^{2x}$； (2)$\lim\limits_{x\to\infty}\left(1-\dfrac{2}{x}\right)^{x-1}$；

(3)$\lim\limits_{x\to 0}\left(\dfrac{3-x}{3}\right)^{\frac{2}{x}}$； (4)$\lim\limits_{x\to\infty}\left(\dfrac{x-1}{x+1}\right)^{x-1}$.

§1.3 无穷小量与无穷大量

一、无穷小量的概念

我们都有这样的生活经历，当用洗衣机清洗衣物时，清洗的次数越多，衣物上残留的污物就越少. 可以想象，当洗涤次数无限增大时，衣物上污物的量就越来越少，趋向于0.

又如，单摆离开铅直位置的偏离程度可以用角θ来度量. 规定当单摆偏到铅直位置的一边(如右边)时角θ为正，而偏到另一边(如左边)为负. 如果让单摆自由摆动，则由于机械摩擦力和空气阻力，振幅就不断地减小，逐渐趋向于0. 那么在这个过程中，角θ也越来越小，趋向于0.

定义 1.11 在某个变化过程中，以0为极限的变量称为该变化过程中的**无穷小量**，简称**无穷小**.

例如，当$x\to 0$时，x，x^2，$\sin x$，$\tan x$和$1-\cos x$都趋向于0. 因此，当$x\to 0$时，它们都是无穷小量. 又如，当$x\to+\infty$时，$\dfrac{1}{x}$，$\dfrac{1}{2^x}$，$\dfrac{1}{e^x}$和$\dfrac{1}{\ln x}$都趋向于0. 因此，当$x\to+\infty$时，它们也都是无穷小量.

注意：

(1)无穷小量与自变量的变化过程有关. 如$\sin x$在$x\to 0$时是无穷小量；但在$x\to\infty$时则不是无穷小量；

(2)无穷小量是指变量的绝对值无限地变小，而不是变量无限地变小；

(3)无穷小量是变量，绝对值很小的常数不是无穷小量；

(4)常数中只有数0是无穷小量.

二、无穷小量的性质

性质 1 有限个无穷小量的代数和是无穷小量.

注意:

无穷多个无穷小量的代数和未必是无穷小量，如 $n\to\infty$ 时，$\frac{1}{n^2}$，$\frac{2}{n^2}$，…，$\frac{n}{n^2}$ 均为无穷小量，但是 $\lim\limits_{n\to\infty}\left(\frac{1}{n^2}+\frac{2}{n^2}+\cdots+\frac{n}{n^2}\right)=\lim\limits_{n\to\infty}\frac{n(n+1)}{2n^2}=\lim\limits_{n\to\infty}\left(\frac{1}{2}+\frac{1}{2n}\right)=\frac{1}{2}$.

性质 2　有限个无穷小量的乘积是无穷小量.

性质 3　无穷小量与有界变量的乘积是无穷小量.

推论　常数与无穷小量的乘积是无穷小量.

【例 1】　求 $\lim\limits_{x\to 0}x\cdot\sin\frac{1}{x}$.

解　因为 $\lim\limits_{x\to 0}x=0$，所以 x 是 $x\to 0$ 时的无穷小量.

又因为 $\left|\sin\frac{1}{x}\right|\leqslant 1$，即 $\sin\frac{1}{x}$ 是有界变量，所以，当 $x\to 0$ 时，$x\cdot\sin\frac{1}{x}$ 是有界变量与无穷小量的乘积.

由性质 3 即得 $\lim\limits_{x\to 0}x\cdot\sin\frac{1}{x}=0$.

无穷小量与变量的极限有着密切的关系，这反映在定理 1.4 中.

定理 1.4　在某个变化过程中，$f(x)\to A$ 的充分必要条件是：在同一变化过程中，$f(x)-A$ 是一个无穷小量.

三、无穷小量的阶

由无穷小量的性质可知，有限个无穷小量的和、差、积仍然是无穷小量，然而，两个无穷小量的商却有很大的差异. 针对这个问题，我们引入无穷小量的阶的概念，它反映了在同一变化过程中无穷小量趋于 0 时的快慢程度，将为计算极限提供比较简捷的途径.

定义 1.12　设 $\alpha(x)$ 与 $\beta(x)$ 是在同一变化过程中的两个无穷小量.

(1)如果 $\lim\frac{\beta(x)}{\alpha(x)}=0$，则称 $\beta(x)$ 是比 $\alpha(x)$ **高阶的无穷小量**，或称 $\alpha(x)$ 是比 $\beta(x)$ **低阶的无穷小量**，记为 $\beta(x)=o(\alpha(x))$；

(2)如果 $\lim\frac{\beta(x)}{\alpha(x)}=C(C\neq 0,1)$，则称 $\beta(x)$ 与 $\alpha(x)$ 是**同阶无穷小量**；

(3)如果 $\lim\frac{\beta(x)}{\alpha(x)}=1$，则称 $\beta(x)$ 与 $\alpha(x)$ 是**等价无穷小量**，记为 $\alpha(x)\sim\beta(x)$.

例如，因为 $\lim\limits_{x\to 0}\frac{x^2}{x}=0$，所以当 $x\to 0$ 时，x^2 是比 x 高阶的无穷小量，记为 $x^2=o(x)(x\to 0)$.

因为 $\lim\limits_{x\to 0}\frac{1-\cos x}{x^2}=\frac{1}{2}$，所以当 $x\to 0$ 时，$1-\cos x$ 与 x^2 是同阶无穷小量.

因为 $\lim\limits_{x\to 0}\frac{\sin x}{x}=1$，$\lim\limits_{x\to 0}\frac{\tan x}{x}=1$，$\lim\limits_{x\to 0}\frac{\arcsin x}{x}=1$，所以当 $x\to 0$ 时，$\sin x$ 与 x，

$\tan x$ 与 x，$\arcsin x$ 与 x 是等价无穷小量，记为 $\sin x \sim x(x\to 0)$，$\tan x \sim x(x\to 0)$，$\arcsin x \sim x(x\to 0)$.

四、无穷大量的概念

定义 1.13 在某个变化过程中，绝对值无限增大的变量称为该变化过程中的**无穷大量**，简称**无穷大**.

例如，当 $x\to 0$ 时，$\frac{1}{x}$，$\frac{1}{|x|}$，$\frac{1}{\sin x}$ 和 $\ln|x|$ 都是无穷大量；当 $x\to+\infty$ 时，$\ln x$，x，x^2 和 e^x 都是无穷大量.

注意：

(1)无穷大是变量，不能与很大的数混淆；

(2)$\lim f(x)=\infty$ 只是一个记号，它并不表示极限存在；

(3)无穷大量与自变量 x 的变化过程有关.

五、无穷小量与无穷大量的关系

定理 1.5 在自变量的同一变化过程中，如果变量 y 是无穷大量，则变量 $\frac{1}{y}$ 是无穷小量；反之，恒不为 0 的无穷小量 y 的倒数 $\frac{1}{y}$ 是无穷大量.

【例 2】 求 $\lim\limits_{x\to 0}\frac{1}{\sin x}$.

解 因为 $\lim\limits_{x\to 0}\sin x=0$，由无穷小量和无穷大量的关系可得 $\lim\limits_{x\to 0}\frac{1}{\sin x}=\infty$.

技能训练 1.3

1. 下列变量中，哪些是无穷小量，哪些是无穷大量？

(1)$100x^2(x\to 0)$；　(2)$\frac{2}{\sqrt{x}}(x\to 0^+)$；

(3)$\frac{x-3}{x^2-9}(x\to 3)$；　(4)$e^{\frac{1}{x}}-1(x\to\infty)$；

(5)$(-1)^n\frac{n^2}{n+3}(n\to\infty)$；　(6)$\frac{\sin x}{x}(x\to 0)$；

(7)$\sin\frac{1}{x}(x\to 0)$；　(8)$2^x-1(x\to 0)$.

2. 已知函数 $f(x)=\frac{x-1}{(x-3)^2}$，则 $f(x)$ 在什么变化过程中是无穷小量，在什么变化过程中是无穷大量？

3. 当 $x\to 0$ 时，下列变量哪些是与 x 等价的无穷小，哪些是比 x 高阶的无穷小？

$$e^x-1,\ \ln(1+x),\ \cos x-1,\ \sin x^2,\ \sqrt{1+x}-1.$$

§1.4 函数的连续性

一、连续的概念

现实世界中很多变量的变化都是连续不断的，即在很短的时间内，它们的变化都是很微小的. 例如，气温的变化、身高的增长等. 这种现象在数学上的抽象，就是函数的连续性.

首先，我们引入增量的概念(或称变量的改变量)，进而建立连续的定义.

定义 1.14 设函数 $y=f(x)$，则

(1)当自变量 x 由初始值 x_0 改变到终值 x_1 时，称自变量的差 x_1-x_0 为**自变量 x 的改变量(或增量)**. 记做 Δx，即

$$\Delta x=x_1-x_0.$$

(2)相应地，当函数值由初始值 $f(x_0)$ 改变到终值 $f(x_1)=f(x_0+\Delta x)$ 时，称函数值的差 $f(x_0+\Delta x)-f(x_0)$ 为**函数值 $f(x)$ 的改变量(或增量)**. 记做 Δy(或 Δf)，即

$$\Delta y=f(x_0+\Delta x)-f(x_0).$$

观察图 1-21(1)(2)中两条曲线在 $x=x_0$ 处的情况.

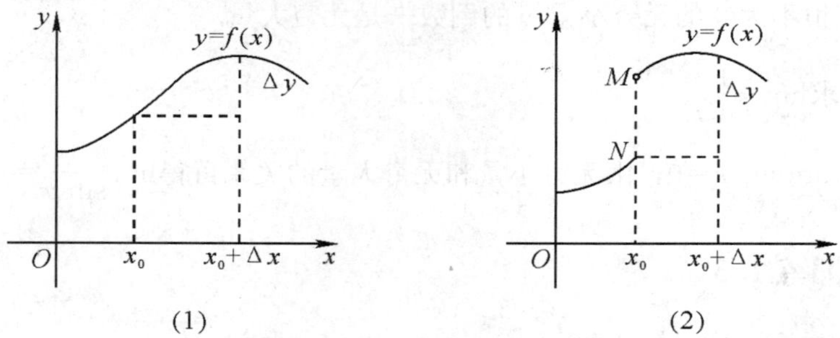

图 1-21

可以看出，(1)中函数在 $x=x_0$ 处连续，而(2)中函数在 $x=x_0$ 处不连续. 分析其函数值特点可以得出，当 x 的增量 $\Delta x\to 0$ 时，(1)中函数值的增量 $\Delta y\to 0$；而(2)中函数值的增量不具备此条件. 由此有函数连续的增量形式定义如下：

定义 1.15 设函数 $y=f(x)$ 在 x_0 的某一邻域内有定义，如果当自变量的改变量 $\Delta x=x-x_0$ 趋向于 0 时，相应的函数值的改变量 Δy 也趋向于 0，即

$$\lim_{\Delta x\to 0}\Delta y=0,$$

则称**函数 $y=f(x)$ 在 x_0 处连续**.

【例 1】 证明函数 $y=x^2$ 在 $x=1$ 处连续.

证明 设当自变量 x 从 $x=1$ 处产生的改变量为 Δx，即自变量 x 从 1 改变到 $1+\Delta x$，函数 $y=x^2$ 相应的改变量为 Δy，则 $\Delta y=(1+\Delta x)^2-1=2\Delta x+(\Delta x)^2$，从而有

$$\lim_{\Delta x\to 0}\Delta y=\lim_{\Delta x\to 0}[2\Delta x+(\Delta x)^2]=0.$$

所以 $y=x^2$ 在 $x=1$ 处连续.

由定义 1.15 可知，如果令 $x=x_0+\Delta x$，即 $\Delta x=x-x_0$，那么 $\Delta y=f(x)-f(x_0)$，从而 $\lim\limits_{\Delta x\to 0}\Delta y=0$ 即 $\lim\limits_{x\to x_0}f(x)=f(x_0)$. 因此，函数在 x_0 处连续，也可以叙述如下.

定义 1.16 如果函数 $y=f(x)$ 满足下列三个条件：

(1) $y=f(x)$ 在 x_0 及其某一邻域内有定义；

(2) $\lim\limits_{x\to x_0}f(x)$ 存在；

(3) $\lim\limits_{x\to x_0}f(x)=f(x_0)$.

则称函数 $y=f(x)$ 在 x_0 处连续.

注意：

这三个条件缺一不可；利用定义 1.16 可以验证函数在一点是否连续.

相应于极限中的左、右极限，函数在 x_0 处连续也有左、右连续，函数 $f(x)$ 在 x_0 处连续等价于函数 $f(x)$ 既在 x_0 处左连续，又在 x_0 处右连续.

定义 1.17 设函数 $y=f(x)$ 在闭区间 $[a, b]$ 上有定义，则

(1) 如果函数 $y=f(x)$ 在区间 (a, b) 内的每一点都连续，则称函数 $y=f(x)$ 在**开区间 (a, b) 内连续**，区间 (a, b) 称为函数 $f(x)$ 的**连续区间**.

(2) 如果函数 $y=f(x)$ 在区间 (a, b) 内连续，并且满足

$$\lim_{x\to a^+}f(x)=f(a),$$

则称函数 **$f(x)$ 在 $[a, b)$ 上连续**；

如果函数 $y=f(x)$ 在区间 (a, b) 内连续，并且满足

$$\lim_{x\to b^-}f(x)=f(b),$$

则称函数 **$f(x)$ 在 $(a, b]$ 上连续**.

【例 2】 证明 $f(x)=\begin{cases}1-x, & x<0,\\ x^2+1, & x\geqslant 0\end{cases}$ 在 $x=0$ 处连续.

证明 (1) 函数在 $x=0$ 处有定义，且 $f(0)=1$；

(2) 因为 $\lim\limits_{x\to 0^-}f(x)=\lim\limits_{x\to 0^-}(1-x)=1$,

$\lim\limits_{x\to 0^+}f(x)=\lim\limits_{x\to 0^+}(x^2+1)=1$,

左、右极限存在且相等，所以 $\lim\limits_{x\to 0}f(x)=1$；

(3) 由 (1)(2)，$\lim\limits_{x\to 0}f(x)=f(0)$.

由函数在一点连续的定义，$f(x)$ 在 $x=0$ 处连续.（如图 1-22）

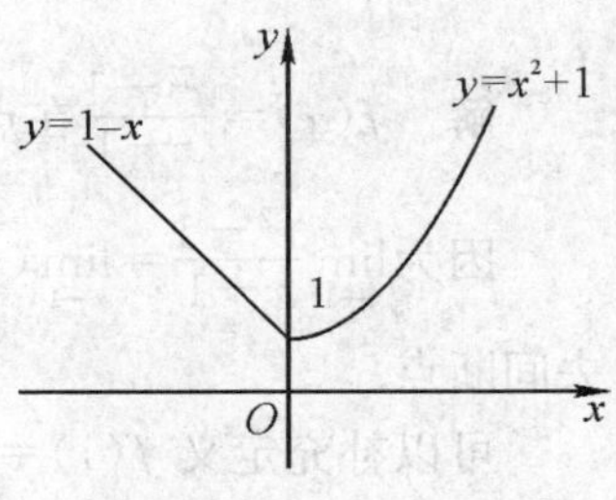

图 1-22

【例 3】 设某城市出租车白天的收费 y(元) 与路程 x(km) 之间的关系为

$$y=f(x)=\begin{cases}5+1.2x, & 0<x<7,\\ 13.4+2.1(x-7), & x\geqslant 7,\end{cases}$$

讨论函数 $f(x)$ 在 $x=7$ 处是否连续.

解 因为 $\lim\limits_{x\to 7^+} f(x)=\lim\limits_{x\to 7^+}[13.4+2.1(x-7)]=13.4$,

$\lim\limits_{x\to 7^-} f(x)=\lim\limits_{x\to 7^-}(5+1.2x)=13.4$,

所以 $\lim\limits_{x\to 7} f(x)=13.4$.

又因为 $f(7)=13.4$,所以 $\lim\limits_{x\to 7} f(x)=f(7)$.

故函数 $f(x)$ 在 $x=7$ 处连续.

二、函数的间断点

定义 1.18 若函数 $f(x)$ 在点 x_0 处不连续,则称点 x_0 为函数 $f(x)$ 的**间断点**.

根据间断点的定义,我们可以知道,函数 $y=f(x)$ 在点 x_0 处不连续有下列三种情形:

(1)在点 $x=x_0$ 处没有定义;

(2)在点 $x=x_0$ 处有定义,但极限 $\lim\limits_{x\to x_0} f(x)$ 不存在;

(3)在点 $x=x_0$ 处有定义,且极限 $\lim\limits_{x\to x_0} f(x)$ 存在,但 $\lim\limits_{x\to x_0} f(x)\neq f(x_0)$.

根据这三种情形,可将函数的间断点分为以下两类:

第一类间断点 $\lim\limits_{x\to x_0^+} f(x)$,$\lim\limits_{x\to x_0^-} f(x)$ 都存在的间断点;

第二类间断点 $\lim\limits_{x\to x_0^+} f(x)$,$\lim\limits_{x\to x_0^-} f(x)$ 中至少有一个不存在的间断点.

对于第一类间断点有以下两种情形:

(1)当 $\lim\limits_{x\to x_0^-} f(x)$ 与 $\lim\limits_{x\to x_0^+} f(x)$ 都存在,但不相等时,称 x_0 为 $f(x)$ 的**跳跃间断点**;

(2)当 $\lim\limits_{x\to x_0} f(x)$ 存在,但极限值不等于 $f(x_0)$ 时,称 x_0 为 $f(x)$ 的**可去间断点**.

【例 4】 讨论 $f(x)=\dfrac{x^2-1}{x-1}$ 在点 $x=1$ 处的连续性.

解 $f(x)=\dfrac{x^2-1}{x-1}$ 在点 $x=1$ 处无定义,故点 $x=1$ 是函数 $f(x)=\dfrac{x^2-1}{x-1}$ 的间断点.

因为 $\lim\limits_{x\to 1}\dfrac{x^2-1}{x-1}=\lim\limits_{x\to 1}(x+1)=2$,所以 $x=1$ 是函数 $f(x)$ 的第一类间断点,且为可去间断点.

可以补充定义 $f(1)=2$,则函数 $f(x)$ 在点 $x=1$ 处就连续了.

【例 5】 设函数 $f(x)=\begin{cases} x^2, & x\leqslant 0, \\ x+1, & x>0, \end{cases}$ 讨论函数在 $x=0$ 处的连续性.

解 由于函数在 $x=0$ 两边的表达式不同,因此,一般要考虑在 $x=0$ 处的左极限与右极限.

因为 $\lim\limits_{x\to 0^-} x^2=0$,$\lim\limits_{x\to 0^+}(x+1)=0+1=1$,$\lim\limits_{x\to 0^-} f(x)$ 与 $\lim\limits_{x\to 0^+} f(x)$ 都存在,但不相等,所以 $x=0$ 为 $f(x)$ 的第一类间断点,且为跳跃间断点.

【例6】 已知函数 $f(x)=\begin{cases}\dfrac{x^2-4}{x-2}, & x\neq 2,\\ k, & x=2\end{cases}$ 在 $x=2$ 处连续，求 k.

解 $f(2)=k$，$\lim\limits_{x\to 2}f(x)=\lim\limits_{x\to 2}\dfrac{x^2-4}{x-2}=\lim\limits_{x\to 2}(x+2)=4$.

因为 $f(x)$ 在 $x=2$ 处连续，即 $f(x)$ 满足 $\lim\limits_{x\to 2}f(x)=f(2)$，所以 $k=4$.

三、初等函数的连续性

1. 连续函数的四则运算法则

定理 1.6 设函数 $f(x)$ 和 $g(x)$ 都在 x_0 处连续，则这两个函数的和函数 $f(x)+g(x)$、差函数 $f(x)-g(x)$、乘积函数 $f(x)g(x)$ 和商函数 $\dfrac{f(x)}{g(x)}$($g(x_0)\neq 0$) 在 x_0 处也连续.

2. 复合函数的连续性

定理 1.7 如果函数 $u=\varphi(x)$ 在 $x=x_0$ 处连续，且 $\varphi(x_0)=u_0$，而函数 $y=f(u)$ 在 $u=u_0$ 处连续，则复合函数 $y=f[\varphi(x)]$ 在 $x=x_0$ 处也连续.

3. 初等函数的连续性

由初等函数的定义可知，初等函数在其定义域区间内都是连续的. 所以

(1)求初等函数的连续区间，就是求它的定义域区间；

(2)求初等函数在定义域区间内某一点的极限值，就是求它在该点的函数值(初等函数求极限的方法——代入法)；

(3)极限符号可以与函数符号交换位置.

四、闭区间上连续函数的性质

闭区间上连续函数的性质在很多方面都有应用，下面我们给出它们的性质.

定理 1.8(有界定理) 若函数 $f(x)$ 在闭区间 $[a, b]$ 上连续，则函数 $f(x)$ 在 $[a, b]$ 上有界.

定理 1.9(最值定理) 若函数 $f(x)$ 在闭区间 $[a, b]$ 上连续，则函数 $f(x)$ 在 $[a, b]$ 上必有最大值与最小值.

定理 1.10(介值定理) 若函数 $f(x)$ 在闭区间 $[a, b]$ 上连续，且 $f(a)\neq f(b)$，则对介于 $f(a)$ 与 $f(b)$ 之间的任意一个数 η，至少存在一点 $\xi\in(a, b)$，使得 $f(\xi)=\eta$.

定理 1.11(根的存在性定理) 若函数 $f(x)$ 在闭区间 $[a, b]$ 上连续，且 $f(a)$ 与 $f(b)$ 异号，则至少存在一点 $\xi\in(a, b)$，使得 $f(\xi)=0$.

注意：

(1)上面四个定理中闭区间和连续缺一不可，缺少任一条件都可能使结论不成立.

(2)根的存在性定理又叫做零点定理，常用于证明方程根的存在与分布.

【例 7】 试证方程 $x^5-3x=1$ 至少有一个实根介于 1 和 2 之间.

证明 构造函数 $f(x)=x^5-3x-1$，则 $f(x)$在$[1, 2]$上连续，且 $f(1)=-3$，$f(2)=25$，从而区间端点函数值异号. 由根的存在性定理，至少存在一点 $\xi\in(1, 2)$使得 $f(\xi)=0$，即方程 $x^5-3x=1$ 至少有一个实根介于 1 和 2 之间.

技能训练 1.4

1. 设函数 $f(x)=\begin{cases}\dfrac{x^2-1}{x-1}, & x\neq 1,\\ 3, & x=1,\end{cases}$ 讨论函数 $f(x)$在 $x=1$ 处的连续性.

2. 指出下列各函数的间断点，并指明是哪一类间断点.

(1) $f(x)=\dfrac{1}{x^2-1}$；　　(2) $f(x)=e^{\frac{1}{x}}$；

(3) $f(x)=\dfrac{x^2-1}{(x-1)x}$；　　(4) $f(x)=\begin{cases}\dfrac{x^2-1}{x+1}, & x\neq -1,\\ 0, & x=-1.\end{cases}$

3. 设函数 $f(x)=\begin{cases}\dfrac{\sin x}{x}, & x<0,\\ k, & x=0,\\ x\sin\dfrac{1}{x}+1, & x>0,\end{cases}$ 当 k 为何值时，函数 $f(x)$在其定义域内是连续的.

习题 1

1. 设函数 $f(x)=\begin{cases}x^2, & x\leqslant 0,\\ x^2+x, & x>0,\end{cases}$ 则下列式子中正确的是(　　).

A. $f(-x)=\begin{cases}-x^2, & x\leqslant 0,\\ -(x^2+x), & x>0\end{cases}$　　B. $f(-x)=\begin{cases}x^2, & x\leqslant 0,\\ x^2-x, & x>0\end{cases}$

C. $f(-x)=\begin{cases}-(x^2-x), & x<0,\\ -x^2, & x\geqslant 0\end{cases}$　　D. $f(-x)=\begin{cases}x^2-x, & x\leqslant 0,\\ x^2, & x>0\end{cases}$

2. 设函数 $f(x)=\begin{cases}1, & |x|\leqslant 1,\\ 0, & |x|>1,\end{cases}$ 则 $f\{f[f(x)]\}$等于(　　).

A. $\begin{cases}0, & |x|\leqslant 1,\\ 1, & |x|>1\end{cases}$　　B. 1

C. $\begin{cases}1, & |x|\leqslant 1,\\ 0, & |x|>1\end{cases}$　　D. 0

3. 设函数 $g(x)=\begin{cases}2-x, & x\leqslant 0,\\ 2+x, & x>0,\end{cases}$ $f(x)=\begin{cases}x^2, & x<0,\\ -x, & x\geqslant 0,\end{cases}$ 则 $g[f(x)]$等于(　　).

A. $\begin{cases}2+x^2, & x<0,\\ 2-x^2, & x\geqslant 0\end{cases}$　　B. $\begin{cases}2-x^2, & x<0,\\ 2+x, & x\geqslant 0\end{cases}$

C. $\begin{cases}2-x^2, & x<0,\\ 2-x, & x\geqslant 0\end{cases}$　　D. $\begin{cases}2+x^2, & x<0,\\ 2+x, & x\geqslant 0\end{cases}$

4. 某工厂生产积木玩具，每生产1套积木的可变成本为15元，每天的固定成本为2 000元. 如果每套积木的出厂价为20元，为了不亏本，该厂每天至少要生产多少套这种积木玩具？

5. 某商场以a元/件的价格出售某种商品，若顾客一次购买50件以上，则超出50件的商品以$0.8a$元/件的优惠价出售. 试将一次成交的销售收入R表示成销售量x的函数.

6. 某公司全年需购某商品1 000台，每台购进价为4 000元，分若干批进货，每批进货台数相同，一批商品售完后马上进下一批货. 每进货一次需消耗费用2 000元，商品均匀投放市场(即平均年库存量为批量的一半)，该商品每年每台库存费为进货价格的4%，试将公司全年在该商品上的投资总额表示为每批进货量的函数.

7. 某车间最大生产力为月生产100台机床，至少要完成40台方可保本，生产x台时的总成本函数为$C(x)=x^2+10x$(百元). 按市场规律，价格为$p=250-5x$(x为需求量)可以销售完，试写出月利润函数.

8. 填空题

(1)若$\lim\limits_{x\to 2}\dfrac{x^2+ax+b}{x^2-x-2}=2$，则$a=$________，$b=$________；

(2)若$\lim\limits_{x\to\infty}\left(\dfrac{4x^2+3}{x-1}+ax+b\right)=2$，则$a=$________，$b=$________；

(3)若$\lim\limits_{x\to 1}\dfrac{ax+b}{x-1}=2$，则$a=$________，$b=$________；

(4)$\lim\limits_{x\to+\infty}(x^2-100x-10^5)=$________.

9. 求下列极限：

(1)$\lim\limits_{x\to 1}\left(\dfrac{1}{1-x}-\dfrac{3}{1-x^3}\right)$；　　(2)$\lim\limits_{x\to 3}\dfrac{x^2+3x}{(x-3)^2}$；

(3)$\lim\limits_{x\to 1}\dfrac{x-2}{x^2+1}$；　　(4)$\lim\limits_{h\to 0}\dfrac{(x+h)^3-x^3}{h}$；

(5)$\lim\limits_{x\to 1}\dfrac{x^n-1}{x^2-1}(n\in\mathbf{N})$；　　(6)$\lim\limits_{x\to\infty}\dfrac{x^2+1}{x^4+3x-2}$.

10. 求下列极限：

(1)$\lim\limits_{x\to 0}\dfrac{\sin 3x}{\sin 5x}$；　　(2)$\lim\limits_{x\to 0}\dfrac{1-\cos 2x}{x\sin x}$；

(3)$\lim\limits_{x\to 0}\sin\left(x\sin\dfrac{1}{x}\right)$；　　(4)$\lim\limits_{x\to 1}\dfrac{\sqrt[3]{x}-1}{\sqrt{x}-1}$.

第 2 章　导数与微分

1608 年望远镜的发明，引起了天文学研究的高潮，推动了光学研究的发展；1619 年开普勒经过观测研究，提出了行星运动三大定律，引起了全世界的关注；1638 年伽利略建立了自由落体定律与动量守恒定律的数学表达式，激起人们用数学求解问题的热情. 在这期间，人们提出了一系列与物体运动速度、加速度及曲线的切线相关的问题，导数的概念应运而生.

§ 2.1　导数的概念

一、瞬时变化率类问题的提出

1. 变速直线运动物体的瞬时速度问题

已知自由落体的运动方程为

$$s(t)=\frac{1}{2}gt^2,\ t\in[0,\ T].$$

我们来讨论自由下落的物体在时刻 $t_0(0<t_0<T)$ 的速度 v_0.

取一邻近于 t_0 的时刻 t，则物体由 t_0 到 t 这一段时间内的平均速度为

$$\bar{v}=\frac{s(t)-s(t_0)}{t-t_0}=\frac{\frac{1}{2}gt^2-\frac{1}{2}gt_0^2}{t-t_0}=\frac{g}{2}(t+t_0). \tag{2.1}$$

此平均速度近似地刻画了物体在时刻 t_0 的速度，若 t 越接近于 t_0，则 $\bar{v}$ 越接近于物体在时刻 t_0 的速度 v_0. 若令 $t\to t_0$，则由(2.1)可知，$\bar{v}\to v_0$，这个值无限地接近于 gt_0，它最能刻画物体在时刻 t_0 这一瞬间的速度，所以称它为物体在时刻 t_0 的瞬时速度.

一般地，假设物体做变速直线运动，所走过的路程 s 是经历的时间 t 的函数，其运动方程为 $s=s(t)$，试讨论物体在时刻 t_0 的瞬时速度.

为此，可取邻近于 t_0 的时刻 $t=t_0+\Delta t$，则在 Δt 这段时间内，物体走过的路程是

$$\Delta s=s(t_0+\Delta t)-s(t_0).$$

在 Δt 这段时间内，物体运动的平均速度是

$$\bar{v}=\frac{\Delta s}{\Delta t}=\frac{s(t_0+\Delta t)-s(t_0)}{\Delta t}.$$

可用在 Δt 这一段时间内的平均速度近似代替物体在时刻 t_0 的运动速度，显然，Δt 越小，即时刻 t 越接近于时刻 t_0，其近似程度越高. 若令 $\Delta t\to 0$，则平均速度 $\bar{v}$ 的极限就是运动物体在时刻 t_0 的瞬时速度，即

$$v(t_0)=\lim_{\Delta t\to 0}\frac{\Delta s}{\Delta t}=\lim_{\Delta t\to 0}\frac{s(t_0+\Delta t)-s(t_0)}{\Delta t}. \qquad (2.2)$$

就是说，物体运动的瞬时速度是路程函数的增量和时间的增量之比当时间增量趋于 0 时的极限.

2. 平面曲线的切线问题

设有曲线 C 及 C 上一点 M(如图 2-1)，在点 M 外另取 C 上一点 N，作割线 MN. 当点 N 沿曲线 C 趋于点 M 时，割线 MN 绕点 M 旋转而趋于极限位置 MT，直线 MT 就称为曲线 C 在点 M 处的**切线**. 这里极限位置的含义是：只要弦长 $|MN|$ 趋于 0，$\angle NMT$ 也趋于 0.

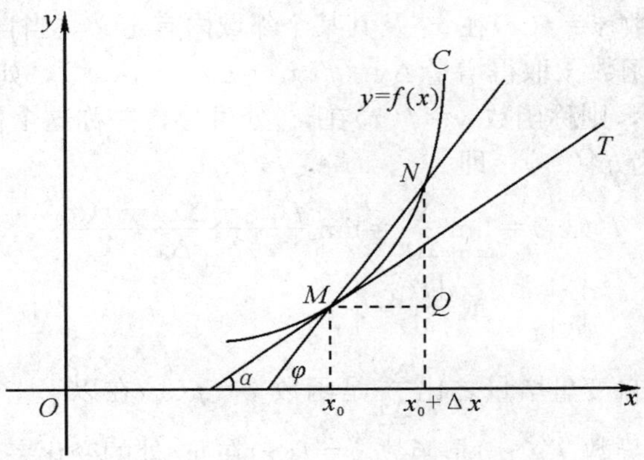

图 2-1

设曲线 C 为函数 $y=f(x)$ 的图像，$M(x_0,\ y_0)$ 是曲线上的点，则 $y_0=f(x_0)$. 根据直线的点斜式方程，要求曲线 C 在点 M 处的切线，只要求出切线的斜率就行了.

为此，在 C 上另取异于点 M 的点 $N(x,\ y)$，于是割线 MN 的斜率为

$$\tan\varphi=\frac{y-y_0}{x-x_0}=\frac{f(x)-f(x_0)}{x-x_0},$$

其中 φ 为割线 MN 的倾斜角，当点 N 沿曲线 C 趋于点 M 时，$x\to x_0$. 如果当 $x\to x_0$ 时，上式的极限存在，设为 k，即

$$k=\lim_{x\to x_0}\frac{f(x)-f(x_0)}{x-x_0} \qquad (2.3)$$

存在，则此极限 k 就是切线的斜率，这里 $k=\tan\alpha$，其中 α 为切线 MT 的倾斜角.

3. 产品总成本的变化率(边际成本)

设某产品的总成本 C 是产量 q 的函数 $C=f(q)$，我们来讨论当产量为 q_0 时总成本的变化率，**即边际成本**.

当产量 q 从 q_0 变到 $q_0+\Delta q$ 时，总成本相应的改变量为

$$\Delta C=f(q_0+\Delta q)-f(q_0).$$

当产量 q 从 q_0 变到 $q_0+\Delta q$ 时，总成本的平均变化率为

$$\frac{\Delta C}{\Delta q}=\frac{f(q_0+\Delta q)-f(q_0)}{\Delta q}.$$

当 $\Delta q\to 0$ 时，如果极限

$$\lim_{\Delta q\to 0}\frac{\Delta C}{\Delta q}=\lim_{\Delta q\to 0}\frac{f(q_0+\Delta q)-f(q_0)}{\Delta q} \tag{2.4}$$

存在，则称此极限是产量为 q_0 时总成本的变化率，即边际成本.

二、导数的概念

在自然科学和工程技术领域内，还有许多概念，例如，电流强度、角速度、线密度等，都可归结为形如(2.2)、(2.3)、(2.4)式的数学形式. 我们从这些实际模型中，找出它们在数量关系上的共性，就抽象出函数导数的概念.

定义 2.1 设函数 $y=f(x)$ 在 x_0 及其某个邻域内有定义，当自变量 x 在 x_0 处取得增量 Δx 时，相应的函数 y 取得增量 $\Delta y=f(x_0+\Delta x)-f(x_0)$，如果 Δy 与 Δx 之比当 $\Delta x\to 0$ 时的极限存在，则称函数 $y=f(x)$ 在 x_0 处可导，并称这个极限为函数 $y=f(x)$ 在 x_0 处的**导数**，记为 $f'(x_0)$，即

$$f'(x_0)=\lim_{\Delta x\to 0}\frac{\Delta y}{\Delta x}=\lim_{\Delta x\to 0}\frac{f(x_0+\Delta x)-f(x_0)}{\Delta x}.$$

也可记为 $y'\Big|_{x=x_0}$，$\dfrac{\mathrm{d}y}{\mathrm{d}x}\Big|_{x=x_0}$ 或 $\dfrac{\mathrm{d}f(x)}{\mathrm{d}x}\Big|_{x=x_0}$.

也称函数增量与自变量增量之比 $\dfrac{\Delta y}{\Delta x}$ 是函数 $y=f(x)$ 在以 x_0，$x_0+\Delta x$ 为端点的区间上的**平均变化率**，导数 $f'(x_0)$ 是函数 $y=f(x)$ 在 x_0 处的变化率，**即瞬时变化率**.

如果 $\lim\limits_{\Delta x\to 0}\dfrac{\Delta y}{\Delta x}$ 不存在，我们说函数 $y=f(x)$ 在 x_0 处不可导.

如果固定 x_0，令 $x_0+\Delta x=x$，则当 $\Delta x\to 0$ 时，有 $x\to x_0$，故函数在 x_0 处的导数 $f'(x_0)$ 也可表为

$$f'(x_0)=\lim_{x\to x_0}\frac{f(x)-f(x_0)}{x-x_0}.$$

说明：若 $\Delta x\to 0$ 时，$\dfrac{\Delta y}{\Delta x}\to\infty$，则函数 $y=f(x)$ 在 x_0 处是不可导的. 但为了描述函数的这一特殊性态，我们称函数在 x_0 处的导数为无穷大，并赋予它记号 $f'(x_0)=\infty$.

利用定义求导数步骤如下：

第一步　给定自变量的任意增量 Δx；

第二步　计算函数的增量 $\Delta y=f(x_0+\Delta x)-f(x_0)$；

第三步　求增量的比值 $\dfrac{\Delta y}{\Delta x}$；

第四步　求极限 $f'(x_0)=\lim\limits_{\Delta x\to 0}\dfrac{\Delta y}{\Delta x}=\lim\limits_{\Delta x\to 0}\dfrac{f(x_0+\Delta x)-f(x_0)}{\Delta x}$.

定义 2.2 如果函数 $y=f(x)$ 在开区间 I 内的每一点都可导，就称函数 $y=f(x)$ 在**开区间 I 内可导**. 这时，对于所有 $x\in I$，都对应着 $f(x)$ 的一个确定的导数值. 这样就构成了一个新的函数，这个函数叫做原来函数 $y=f(x)$ 的**导函数**，记做 y'，$f'(x)$，$\dfrac{\mathrm{d}y}{\mathrm{d}x}$

或$\dfrac{\mathrm{d}f(x)}{\mathrm{d}x}$.

$$f'(x)=\lim_{\Delta x\to 0}\frac{f(x+\Delta x)-f(x)}{\Delta x}. \tag{2.5}$$

注意：

(1)在(2.5)中，虽然 x 可以取区间 I 内的任何数值，但在极限过程中 x 是常量，Δx 是变量.

(2)函数 $f(x)$在 x_0 处的导数 $f'(x_0)$就是导函数 $f'(x)$在 $x=x_0$ 处的函数值，即 $f'(x_0)=f'(x)\Big|_{x=x_0}$.

(3)导函数 $f'(x)$简称导数.

求函数 $y=f(x)$的导数 y'的步骤如下：

(1)求增量 $\Delta y=f(x+\Delta x)-f(x)$；

(2)算比值 $\dfrac{\Delta y}{\Delta x}=\dfrac{f(x+\Delta x)-f(x)}{\Delta x}$；

(3)取极限 $y'=\lim\limits_{\Delta x\to 0}\dfrac{\Delta y}{\Delta x}$.

【例 1】 求函数 $y=x^3$ 在 $x=1$，$x=2$ 处的导数.

解 当 x 由 1 变到 $1+\Delta x$ 时，相应的函数增量为

$$\Delta y=f(1+\Delta x)-f(1)=3\Delta x+3(\Delta x)^2+(\Delta x)^3.$$

于是 $$\frac{\Delta y}{\Delta x}=3+3\Delta x+(\Delta x)^2,$$

从而 $$f'(1)=\lim_{\Delta x\to 0}\frac{\Delta y}{\Delta x}=\lim_{\Delta x\to 0}[3+3\Delta x+(\Delta x)^2]=3.$$

当 x 由 2 变到 $2+\Delta x$ 时，相应的函数增量为

$$\Delta y=f(2+\Delta x)-f(2)=12\Delta x+6(\Delta x)^2+(\Delta x)^3.$$

于是 $$\frac{\Delta y}{\Delta x}=12+6\Delta x+(\Delta x)^2,$$

从而 $$f'(2)=\lim_{\Delta x\to 0}\frac{\Delta y}{\Delta x}=\lim_{\Delta x\to 0}[12+6\Delta x+(\Delta x)^2]=12.$$

【例 2】 求函数 $y=x\sqrt{x}$在 $x=0$ 处的导数.

解 由导数的定义知

$$f'(0)=\lim_{\Delta x\to 0}\frac{f(0+\Delta x)-f(0)}{\Delta x}=\lim_{\Delta x\to 0}\frac{\Delta x\sqrt{\Delta x}-0}{\Delta x}=\lim_{\Delta x\to 0}\sqrt{\Delta x}=0.$$

【例 3】 求 $y=x^2$ 的导函数.

解 由导数的定义知

$$f'(x)=\lim_{\Delta x\to 0}\frac{f(x+\Delta x)-f(x)}{\Delta x}=\lim_{\Delta x\to 0}\frac{(x+\Delta x)^2-x^2}{\Delta x}$$

$$=\lim_{\Delta x\to 0}\frac{2x\cdot\Delta x+(\Delta x)^2}{\Delta x}=\lim_{\Delta x\to 0}(2x+\Delta x)=2x.$$

【例 4】 已知 $f'(x_0)=2$，则 $\lim\limits_{\Delta x\to 0}\dfrac{f(x_0-3\Delta x)-f(x_0)}{\Delta x}=$________.

解 因为
$$\lim_{\Delta x\to 0}\frac{f(x_0-3\Delta x)-f(x_0)}{\Delta x}$$
$$=-3\lim_{\Delta x\to 0}\frac{f(x_0-3\Delta x)-f(x_0)}{-3\Delta x}=-3f'(x_0),$$
所以
$$\lim_{\Delta x\to 0}\frac{f(x_0-3\Delta x)-f(x_0)}{\Delta x}=-6.$$

三、左导数和右导数

函数 $f(x)$在 x_0 处的导数是用极限定义的，而极限有左极限、右极限之分，从而，导数也就有左导数和右导数.

分别用 $f'_-(x_0)$和 $f'_+(x_0)$表示函数 $f(x)$在 x_0 处的左导数和右导数，则
$$f'_-(x_0)=\lim_{\Delta x\to 0^-}\frac{\Delta y}{\Delta x}=\lim_{\Delta x\to 0^-}\frac{f(x_0+\Delta x)-f(x_0)}{\Delta x},$$
$$f'_+(x_0)=\lim_{\Delta x\to 0^+}\frac{\Delta y}{\Delta x}=\lim_{\Delta x\to 0^+}\frac{f(x_0+\Delta x)-f(x_0)}{\Delta x}.$$

由函数极限存在的充分必要条件可知，函数在 x_0 处的导数与在该点的左右导数的关系有下述定理.

定理 2.1 $f'(x_0)$存在且等于 A 的充分必要条件是 $f'_-(x_0)$与 $f'_+(x_0)$皆存在且 $f'_-(x_0)=f'_+(x_0)=A$.

【例 5】 讨论函数 $f(x)=|x|$ 在 $x=0$ 处的导数.

解 按绝对值定义，$|x|=\begin{cases}x, & x\geqslant 0,\\ -x, & x<0.\end{cases}$

先考察函数在 $x=0$ 的左导数和右导数.
$$f'_-(0)=\lim_{\Delta x\to 0^-}\frac{f(0+\Delta x)-f(0)}{\Delta x}=\lim_{\Delta x\to 0^-}\frac{-\Delta x-0}{\Delta x}=-1,$$
$$f'_+(0)=\lim_{\Delta x\to 0^+}\frac{f(0+\Delta x)-f(0)}{\Delta x}=\lim_{\Delta x\to 0^+}\frac{\Delta x-0}{\Delta x}=1.$$

虽然该函数在 $x=0$ 处的左导数和右导数都存在，但 $f'_-(0)\neq f'_+(0)$，所以函数 $f(x)=|x|$ 在 $x=0$ 处不可导.

四、导数的几何意义

根据导数的定义可知：函数 $f(x)$在 $x=x_0$ 的导数 $f'(x_0)$表示曲线 $y=f(x)$在点$(x_0, f(x_0))$处的切线的斜率. 如果曲线 $y=f(x)$在 $x=x_0$ 的切线的倾斜角为 α，那么 $f'(x_0)=\tan\alpha$(如图 2-1). 这就是导数的几何意义.

根据导数的几何意义及直线的点斜式方程，若函数 $f(x)$在 x_0 处可导，则曲线 $y=f(x)$在点$(x_0, f(x_0))$处的切线方程为
$$y-f(x_0)=f'(x_0)(x-x_0).$$

特别地，当 $f'(x_0)=0$ 时，曲线 $y=f(x)$ 在点 $(x_0, f(x_0))$ 处的切线方程为 $y=y_0$；当 $f'(x_0)$ 不存在时，曲线 $y=f(x)$ 在点 $(x_0, f(x_0))$ 处的切线方程为 $x=x_0$ 或切线不存在.

【例 6】 求曲线 $y=x^2$ 在点(2，4)处的切线方程.

解 由例 3 知 $y'=2x$，因而 $y'\Big|_{x=2}=4$.

所以切线方程为

$$y-4=4(x-2),$$

即

$$y=4x-4.$$

五、可导与连续的关系

在例 5 中，我们讨论了绝对值函数 $f(x)=|x|$ 在 $x=0$ 处的可导性. 虽然函数 $f(x)=|x|$ 在 $x=0$ 处连续，但是它在 $x=0$ 处是不可导的，即连续不一定可导.

如果函数 $f(x)$ 在 $x=x_0$ 处可导，那么 $f'(x)=\lim\limits_{\Delta x\to 0}\dfrac{\Delta y}{\Delta x}(\Delta x\neq 0)$ 存在，从而 $\lim\limits_{\Delta x\to 0}\Delta y=\lim\limits_{\Delta x\to 0}\dfrac{\Delta y}{\Delta x}\cdot\Delta x=\lim\limits_{\Delta x\to 0}\dfrac{\Delta y}{\Delta x}\cdot\lim\limits_{\Delta x\to 0}\Delta x=0$，即函数 $f(x)$ 在 $x=x_0$ 处连续.

定理 2.2 若函数 $f(x)$ 在 x_0 处可导，则它在 x_0 处连续.

注意：

定理 2.2 的逆否命题为函数的不连续点是不可导点.

【例 7】 讨论函数 $f(x)=\begin{cases} x\sin\dfrac{1}{x}, & x\neq 0, \\ 0, & x=0 \end{cases}$ 在 $x=0$ 处的连续性与可导性.

解 因为

$$\lim_{x\to 0}f(x)=\lim_{x\to 0}x\sin\frac{1}{x}=0=f(0),$$

所以由函数在一点连续的定义知，$f(x)$ 在 $x=0$ 处连续.

再来考察可导性. 在 $x=0$ 处，

$$\frac{f(0+\Delta x)-f(0)}{\Delta x}=\frac{\Delta x\sin\dfrac{1}{\Delta x}-0}{\Delta x}=\sin\frac{1}{\Delta x}.$$

显然，当 $\Delta x\to 0$ 时，上式的极限不存在，所以 $f(x)$ 在 $x=0$ 处不可导.

六、应用拓展案例(变化率模型)

在实际中，需要讨论各种具有不同意义的变化快慢问题，在数学上，就是函数的变化率问题. 导数概念就是对函数变化率这一概念的精确描述，它撇开了自变量和因变量所代表的几何或物理等方面的特殊意义，纯粹从数量方面来刻画变化率的本质：因变量增量与自变量增量之比是因变量在区间上的平均变化率，而导数则是因变量在某点处的变化率，它反映了因变量随自变量的变化而变化的快慢程度.

【例 8】(电流模型) 设在[0，t]这段时间内通过导线横截面的电荷为 $Q=Q(t)$，求

时刻 t_0 的电流 I.

解 当时间从 t_0 变到 $t_0+\Delta t$ 时，电荷的平均变化率为

$$\frac{\Delta Q}{\Delta t}=\frac{Q(t_0+\Delta t)-Q(t_0)}{\Delta t}.$$

当 $\Delta t\to 0$ 时，t_0 时刻的电流为

$$I(t_0)=\lim_{\Delta t\to 0}\frac{\Delta Q}{\Delta t}=\lim_{\Delta t\to 0}\frac{Q(t_0+\Delta t)-Q(t_0)}{\Delta t}=\left.\frac{\mathrm{d}Q}{\mathrm{d}t}\right|_{t=t_0}.$$

【例 9】(化学反应速度模型) 在化学反应中，某种物质的物质的量浓度 c 和时间 t 的关系为 $c=c(t)$. 求在时刻 t_0 该物质的瞬时反应速度.

解 当时间从 t_0 变到 $t_0+\Delta t$ 时，物质的量浓度的改变量为 $\Delta c=c(t_0+\Delta t)-c(t_0)$，物质的量浓度函数的平均变化率为

$$\frac{\Delta c}{\Delta t}=\frac{c(t_0+\Delta t)-c(t_0)}{\Delta t}.$$

当 $\Delta t\to 0$ 时，t_0 时刻的瞬时反应速度为

$$c'(t_0)=\lim_{\Delta t\to 0}\frac{\Delta c}{\Delta t}=\lim_{\Delta t\to 0}\frac{c(t_0+\Delta t)-c(t_0)}{\Delta t}.$$

【例 10】(受热膨胀速度问题) 半径为 r_0($r_0<50$ cm)的金属圆盘受热膨胀，已知半径 r 以 0.01 cm/s 的速度均匀增大，则当它的半径等于 50 cm 时，圆盘面积 S 增长的速度是多少?

解 当 $r=50$ 时，

$$S'(50)=\lim_{t\to 0}\frac{S(50+0.01t)-S(50)}{t}=\lim_{t\to 0}\frac{\pi(50+0.01t)^2-\pi\times 50^2}{t}$$
$$=\lim_{t\to 0}\pi(1+0.000\,1t)=\pi.$$

所以，当半径等于 50 cm 时，圆盘面积增长的速度是 π cm²/s.

技能训练 2.1

1. 填空题

(1)已知 $f'(x_0)=5$，且 $\lim\limits_{\Delta x\to 0}\dfrac{f(x_0)-f(x_0-k\Delta x)}{\Delta x}=-10$，则 $k=$________；

(2)设函数 $f(x)$ 在 $x=0$ 处可导，且 $f(0)=0$，则 $\lim\limits_{x\to 0}\dfrac{f(4x)}{x}=$________.

2. 利用导数定义求下列函数的导数 $f'(x)$ 与 $f'(4)$：

(1)$f(x)=x^2+1$；

(2)$f(x)=\sqrt{x}$.

3. 讨论函数 $f(x)=\begin{cases}x^2\cos\dfrac{1}{x}, & x>0,\\ 0, & x\leqslant 0\end{cases}$ 在 $x=0$ 处的连续性与可导性.

§2.2 导数的运算

在2.1节中，我们已经看到，利用导数的定义来求导数，过程非常复杂．下面介绍基本初等函数的导数公式和函数的求导法则，以方便我们计算导数．

一、基本初等函数的导数公式

1. 常数函数的导数

设函数 $y=C$(C 是常数)，求 y 的导数．

解 (1)求增量：因为 $y=C$，即不论 x 取什么值，y 的值总等于 C，所以 $\Delta y=0$；

(2)算比值：$\dfrac{\Delta y}{\Delta x}=0$；

(3)取极限：$y'=\lim\limits_{\Delta x\to 0}\dfrac{\Delta y}{\Delta x}=\lim\limits_{\Delta x\to 0}0=0$.

即常数函数的导数等于0.

2. 幂函数的导数

设函数 $f(x)=x^n$(n 为正整数)，求 $f(x)$ 在 $x=a$ 处的导数．

解 (1)求增量：
$$\begin{aligned}\Delta y&=f(a+\Delta x)-f(a)\\&=(a+\Delta x)^n-a^n\\&=na^{n-1}\Delta x+\frac{n(n-1)}{2}a^{n-2}(\Delta x)^2+\cdots+(\Delta x)^n;\end{aligned}$$

(2)算比值：$\dfrac{\Delta y}{\Delta x}=na^{n-1}+\dfrac{n(n-1)}{2}a^{n-2}\Delta x+\cdots+(\Delta x)^{n-1}$；

(3)取极限：
$$\begin{aligned}f'(a)&=\lim_{\Delta x\to 0}\frac{\Delta y}{\Delta x}=\lim_{\Delta x\to 0}\left(na^{n-1}+\frac{n(n-1)}{2}a^{n-2}\Delta x+\cdots+(\Delta x)^{n-1}\right)\\&=na^{n-1}.\end{aligned}$$

把以上结果中的 a 换成 x，得 $f'(x)=nx^{n-1}$.

更一般地，对于幂函数 $f(x)=x^\mu$(μ 为常数)，有
$$(x^\mu)'=\mu x^{\mu-1}.$$

这就是幂函数的导数公式．利用此公式，可以很方便地求出幂函数的导数．

例如，$(\sqrt{x})'=(x^{\frac{1}{2}})'=\dfrac{1}{2}x^{\frac{1}{2}-1}=\dfrac{1}{2}x^{-\frac{1}{2}}=\dfrac{1}{2\sqrt{x}}$,
$$\left(\frac{1}{x}\right)'=(x^{-1})'=(-1)x^{-1-1}=-x^{-2}=-\frac{1}{x^2}.$$

3. 正弦函数与余弦函数的导数

求函数 $y=\sin x$ 的导数．

解 (1)求增量：$\Delta y=\sin(x+\Delta x)-\sin x$,

由和差化积公式有 $\Delta y=2\cos\dfrac{(x+\Delta x)+x}{2}\sin\dfrac{(x+\Delta x)-x}{2}$

$$=2\cos\left(x+\frac{\Delta x}{2}\right)\sin\frac{\Delta x}{2};$$

(2)算比值：$\dfrac{\Delta y}{\Delta x}=\dfrac{2\cos\left(x+\frac{\Delta x}{2}\right)\sin\frac{\Delta x}{2}}{\Delta x}=\cos\left(x+\dfrac{\Delta x}{2}\right)\dfrac{\sin\frac{\Delta x}{2}}{\frac{\Delta x}{2}}$；

(3)取极限：$y'=\lim\limits_{\Delta x\to 0}\dfrac{\Delta y}{\Delta x}=\lim\limits_{\Delta x\to 0}\cos\left(x+\dfrac{\Delta x}{2}\right)\dfrac{\sin\frac{\Delta x}{2}}{\frac{\Delta x}{2}}=\cos x.$

所以
$$(\sin x)'=\cos x.$$

用类似的方法，可求得余弦函数 $y=\cos x$ 的导数为
$$(\cos x)'=-\sin x.$$

4. 对数函数的导数

求函数 $y=\log_a x(a>0，a\neq 1，x>0)$的导数.

解 (1)求增量：
$$\Delta y=\log_a(x+\Delta x)-\log_a x=\log_a\frac{x+\Delta x}{x}=\log_a\left(1+\frac{\Delta x}{x}\right);$$

(2)算比值：$\dfrac{\Delta y}{\Delta x}=\dfrac{\log_a\left(1+\frac{\Delta x}{x}\right)}{\Delta x}=\dfrac{1}{x}\log_a\left(1+\dfrac{\Delta x}{x}\right)^{\frac{x}{\Delta x}}$；

(3)取极限：
$$y'=\lim_{\Delta x\to 0}\frac{\Delta y}{\Delta x}=\lim_{\Delta x\to 0}\frac{1}{x}\log_a\left(1+\frac{\Delta x}{x}\right)^{\frac{x}{\Delta x}}$$
$$=\frac{1}{x}\log_a e=\frac{1}{x\ln a}.$$

所以
$$(\log_a x)'=\frac{1}{x\ln a}.$$

特别地，当 $a=e$ 时，可得到自然对数的导数
$$(\ln x)'=\frac{1}{x}.$$

例如，
$$(\log_2 x)'=\frac{1}{x\ln 2}.$$

5. 指数函数的导数

求函数 $f(x)=a^x(a>0，a\neq 1)$的导数.

解 (1)求增量：$\Delta y=f(x+\Delta x)-f(x)=a^{x+\Delta x}-a^x=a^x(a^{\Delta x}-1)$；

(2)算比值：$\dfrac{\Delta y}{\Delta x}=\dfrac{a^x(a^{\Delta x}-1)}{\Delta x}$；

(3)取极限：$f'(x)=\lim\limits_{\Delta x\to 0}\dfrac{\Delta y}{\Delta x}=\lim\limits_{\Delta x\to 0}\dfrac{a^x(a^{\Delta x}-1)}{\Delta x}=a^x\lim\limits_{\Delta x\to 0}\dfrac{a^{\Delta x}-1}{\Delta x}.$

设 $\beta=a^{\Delta x}-1$，则 $\Delta x=\dfrac{\ln(1+\beta)}{\ln a}$，且 $\lim\limits_{\Delta x\to 0}\beta=0$.

从而 $\lim\limits_{\Delta x\to 0}\dfrac{a^{\Delta x}-1}{\Delta x}=\lim\limits_{\beta\to 0}\dfrac{\beta\ln a}{\ln(1+\beta)}=\ln a\lim\limits_{\beta\to 0}\dfrac{1}{\dfrac{1}{\beta}\ln(1+\beta)}$

$$=\ln a\lim_{\beta\to 0}\frac{1}{\ln(1+\beta)^{\frac{1}{\beta}}}$$

$$=\ln a\frac{1}{\ln\lim\limits_{\beta\to 0}(1+\beta)^{\frac{1}{\beta}}}$$

$$=\ln a\frac{1}{\ln \mathrm{e}}$$

$$=\ln a.$$

所以 $$f'(x)=a^x\ln a.$$

特别地， $$(\mathrm{e}^x)'=\mathrm{e}^x.$$

上式表明，以 e 为底的指数函数 e^x 的导数就是 e^x，这是以 e 为底的指数函数的一个重要特性.

例如，$(10^x)'=10^x\ln 10$，$\left[\left(\dfrac{2}{3}\right)^x\right]'=\left(\dfrac{2}{3}\right)^x\ln\left(\dfrac{2}{3}\right)$.

利用导数的定义对反三角函数进行求导，过程比较复杂，在此省略.

基本初等函数的导数公式如下：

(1) $(C)'=0$； (2) $(x^\mu)'=\mu x^{\mu-1}$；

(3) $(a^x)'=a^x\ln a$； (4) $(\mathrm{e}^x)'=\mathrm{e}^x$；

(5) $(\log_a x)'=\dfrac{1}{x\ln a}$； (6) $(\ln x)'=\dfrac{1}{x}$；

(7) $(\sin x)'=\cos x$； (8) $(\cos x)'=-\sin x$；

(9) $(\tan x)'=\sec^2 x$； (10) $(\cot x)'=-\csc^2 x$；

(11) $(\sec x)'=\sec x\tan x$； (12) $(\csc x)'=-\csc x\cot x$；

(13) $(\arcsin x)'=\dfrac{1}{\sqrt{1-x^2}}$； (14) $(\arccos x)'=-\dfrac{1}{\sqrt{1-x^2}}$；

(15) $(\arctan x)'=\dfrac{1}{1+x^2}$； (16) $(\text{arccot}\, x)'=-\dfrac{1}{1+x^2}$.

二、导数的四则运算法则

定理 2.3 （导数的四则运算法则）

(1)若函数 $u(x)$ 和 $v(x)$ 在 x_0 处都可导，则 $f(x)=u(x)\pm v(x)$ 在 x_0 处也可导，且有

$$f'(x_0)=u'(x_0)\pm v'(x_0);$$

(2)若 $u(x)$ 和 $v(x)$ 在 x_0 处都可导，则 $f(x)=u(x)v(x)$ 在 x_0 处也可导，且有

$$f'(x_0)=u'(x_0)v(x_0)+u(x_0)v'(x_0);$$

(3)若 $u(x)$ 和 $v(x)$ 在 x_0 处都可导，且 $v(x_0)\neq 0$，则 $f(x)=\dfrac{u(x)}{v(x)}$ 在 x_0 处也可导，

且有

$$f'(x_0)=\frac{u'(x_0)v(x_0)-u(x_0)v'(x_0)}{v^2(x_0)}.$$

证明 (1) $\lim\limits_{x\to x_0}\frac{f(x)-f(x_0)}{x-x_0}$

$$=\lim_{x\to x_0}\frac{[u(x)\pm v(x)]-[u(x_0)\pm v(x_0)]}{x-x_0}$$

$$=\lim_{x\to x_0}\frac{u(x)-u(x_0)}{x-x_0}\pm\lim_{x\to x_0}\frac{v(x)-v(x_0)}{x-x_0}=u'(x_0)\pm v'(x_0),$$

所以 $$f'(x_0)=u'(x_0)\pm v'(x_0).$$

(2) $\lim\limits_{x\to x_0}\frac{f(x)-f(x_0)}{x-x_0}$

$$=\lim_{x\to x_0}\frac{u(x)v(x)-u(x_0)v(x_0)}{x-x_0}$$

$$=\lim_{x\to x_0}\frac{u(x)v(x)-u(x_0)v(x)+u(x_0)v(x)-u(x_0)v(x_0)}{x-x_0}$$

$$=\lim_{x\to x_0}\frac{u(x)-u(x_0)}{x-x_0}v(x)+\lim_{x\to x_0}u(x_0)\frac{v(x)-v(x_0)}{x-x_0}$$

$$=\lim_{x\to x_0}\frac{u(x)-u(x_0)}{x-x_0}\lim_{x\to x_0}v(x)+u(x_0)\lim_{x\to x_0}\frac{v(x)-v(x_0)}{x-x_0}$$

$$=u'(x_0)v(x_0)+u(x_0)v'(x_0),$$

所以 $$f'(x_0)=u'(x_0)v(x_0)+u(x_0)v'(x_0).$$

(3) $\lim\limits_{x\to x_0}\frac{f(x)-f(x_0)}{x-x_0}$

$$=\lim_{x\to x_0}\frac{\frac{u(x)}{v(x)}-\frac{u(x_0)}{v(x_0)}}{x-x_0}$$

$$=\lim_{x\to x_0}\frac{u(x)v(x_0)-u(x_0)v(x)}{(x-x_0)v(x)v(x_0)}$$

$$=\lim_{x\to x_0}\frac{u(x)v(x_0)-u(x_0)v(x_0)+u(x_0)v(x_0)-u(x_0)v(x)}{(x-x_0)v(x)v(x_0)}$$

$$=\lim_{x\to x_0}\left[\frac{u(x)-u(x_0)}{x-x_0}\frac{1}{v(x)}-u(x_0)\frac{v(x)-v(x_0)}{x-x_0}\frac{1}{v(x)v(x_0)}\right]$$

$$=u'(x_0)\frac{1}{v(x_0)}-u(x_0)v'(x_0)\frac{1}{v^2(x_0)}$$

$$=\frac{u'(x_0)v(x_0)-u(x_0)v'(x_0)}{v^2(x_0)},$$

所以 $$f'(x_0)=\frac{u'(x_0)v(x_0)-u(x_0)v'(x_0)}{v^2(x_0)}.$$

注意：

(1)将定理 2.3 的 x_0 视为任意的可导点，并用 x 代替，便可得到函数的和、差、

积、商的求导函数的运算法则，即

$$[u(x)\pm v(x)]'=u'(x)\pm v'(x),$$
$$[u(x)v(x)]'=u'(x)v(x)+u(x)v'(x),$$
$$\left[\frac{u(x)}{v(x)}\right]'=\frac{u'(x)v(x)-u(x)v'(x)}{v^2(x)};$$

(2)上面的结论可简记为

$$(u\pm v)'=u'\pm v',$$
$$(uv)'=u'v+uv',$$
$$\left(\frac{u}{v}\right)'=\frac{u'v-uv'}{v^2};$$

(3)特别地，若 $u(x)=C$(常数)，则

$$[Cv(x)]'=Cv'(x),$$
$$\left[\frac{C}{v(x)}\right]'=-\frac{Cv'(x)}{v^2(x)};$$

(4)定理 2.3 中，和(或差)的导数可推广到有限个可导函数的情形，即有限个可导函数的和(或差)仍是可导的，且

$$[f_1(x)\pm f_2(x)\pm\cdots\pm f_n(x)]'=f_1'(x)\pm f_2'(x)\pm\cdots\pm f_n'(x);$$

乘积的导数也可推广到有限个可导函数的积，例如，

$$(uvw)'=u'vw+uv'w+uvw',$$
$$(uvws)'=u'vws+uv'ws+uvw's+uvws'.$$

【例 1】 已知 $y=\sqrt{x}-\ln x-3$，求 y'.

解 $y'=(\sqrt{x}-\ln x-3)'=(\sqrt{x})'-(\ln x)'-(3)'=\dfrac{1}{2\sqrt{x}}-\dfrac{1}{x}.$

【例 2】 设 $y=x\ln x$，求 y'.

解 $y'=(x)'\ln x+x(\ln x)'=\ln x+x\cdot\dfrac{1}{x}=\ln x+1.$

【例 3】 已知 $f(x)=\dfrac{x^2-x+2}{x+3}$，求 $f'(1)$.

解
$$f'(x)=\left(\frac{x^2-x+2}{x+3}\right)'=\frac{(x^2-x+2)'(x+3)-(x^2-x+2)(x+3)'}{(x+3)^2}$$
$$=\frac{(2x-1)(x+3)-(x^2-x+2)}{(x+3)^2}=\frac{x^2+6x-5}{(x+3)^2}.$$
$$f'(1)=f'(x)\mid_{x=1}=\left.\frac{x^2+6x-5}{(x+3)^2}\right|_{x=1}=\frac{1}{8}.$$

【例 4】 求 y'.

(1) $y=\tan x$；　　(2) $y=\sec x$.

解 (1)
$$y'=(\tan x)'=\left(\frac{\sin x}{\cos x}\right)'=\frac{(\sin x)'\cos x-\sin x(\cos x)'}{\cos^2 x}$$
$$=\frac{\cos^2 x+\sin^2 x}{\cos^2 x}=\frac{1}{\cos^2 x}=\sec^2 x.$$

(2) $y'=(\sec x)'=\left(\dfrac{1}{\cos x}\right)'=\dfrac{-1\cdot(\cos x)'}{\cos^2 x}=\dfrac{\sin x}{\cos^2 x}=\sec x\tan x.$

类似地可得 $(\cot x)'=-\csc^2 x$，$(\csc x)'=-\csc x\cot x$.

三、复合函数求导法则

定理 2.4 设 $y=f[\varphi(x)]$ 是由 $y=f(u)$，$u=\varphi(x)$ 复合而成的. 若 $u=\varphi(x)$ 在 x 处可导，而 $y=f(u)$ 在 u 处可导，则 $y=f[\varphi(x)]$ 在 x 处可导，且 $\dfrac{\mathrm{d}y}{\mathrm{d}x}=\dfrac{\mathrm{d}y}{\mathrm{d}u}\cdot\dfrac{\mathrm{d}u}{\mathrm{d}x}=f'(u)\varphi'(x)$.

证明 由 $y=f(u)$ 在 u 处可导，有 $\lim\limits_{\Delta u\to 0}\dfrac{\Delta y}{\Delta u}=f'(u)$，则 $\dfrac{\Delta y}{\Delta u}=f'(u)+\alpha$，其中 $\alpha\to 0$. 可以推得

$$\Delta y=f'(u)\Delta u+\alpha\Delta u.$$

将上式除以 $\Delta x\neq 0$，有 $\dfrac{\Delta y}{\Delta x}=f'(u)\dfrac{\Delta u}{\Delta x}+\alpha\dfrac{\Delta u}{\Delta x}$，

所以 $$\frac{\mathrm{d}y}{\mathrm{d}x}=\lim_{\Delta x\to 0}\frac{\Delta y}{\Delta x}=\lim_{\Delta x\to 0}f'(u)\frac{\Delta u}{\Delta x}+\lim_{\Delta x\to 0}\alpha\frac{\Delta u}{\Delta x}=f'(u)\varphi'(x)=\frac{\mathrm{d}y}{\mathrm{d}u}\cdot\frac{\mathrm{d}u}{\mathrm{d}x}.$$

注意：

(1)复合函数的求导法则也称为**链式法则**.

欲求 y 对 x 的导数，先求 y 对 u 的导数，再求 u 对 x 的导数，最后将它们相乘，即

$$\frac{\mathrm{d}y}{\mathrm{d}x}=\frac{\mathrm{d}y}{\mathrm{d}u}\cdot\frac{\mathrm{d}u}{\mathrm{d}x}.$$

(2)链式法则可以推广到有限个函数复合的情形，例如，设 $y=f\{\phi[\varphi(x)]\}$，引入中间变量，$v=\varphi(x)$，$u=\phi(v)$，于是 $y=f(u)$.

由链式法则有 $\dfrac{\mathrm{d}y}{\mathrm{d}x}=\dfrac{\mathrm{d}y}{\mathrm{d}u}\cdot\dfrac{\mathrm{d}u}{\mathrm{d}v}\cdot\dfrac{\mathrm{d}v}{\mathrm{d}x}=f'(u)\phi'(v)\varphi'(x)$.

(3)用链式法则求导的关键是引入中间变量，将复合函数分解成基本初等函数. 求导完成后，应注意将引入的中间变量代换成原自变量.

【例 5】 求 $y=\sin x^3$ 的导数.

解 $y=\sin x^3$ 可以看成是由 $y=f(x)=\sin u$ 与 $u=\varphi(x)=x^3$ 复合而成的函数. 由于 $y'=\cos u$，$u'=\varphi'(x)=3x^2$，所以由复合函数的求导公式得

$$y'=f'(u)\varphi'(x)=\cos u\cdot 3x^2=3x^2\cos x^3.$$

【例 6】 求 $y=\sqrt{1-x^2}$ 的导数.

解 设 $y=f(u)=\sqrt{u}$，$u=\varphi(x)=1-x^2$，则

$$y'=f'(u)\varphi'(x)=(\sqrt{u})'\cdot(1-x^2)'=\frac{1}{2\sqrt{u}}\cdot(-2x)=\frac{-x}{\sqrt{1-x^2}}.$$

以上例题求解过程中，我们引入了中间变量分解复合函数，然后应用定理 2.4 求

导. 熟练后，可不必写出中间变量.

【例 7】 求 $y=\cos^2 x$ 的导数.

解 $y'=2\cos x\cdot(\cos x)'$ （将 $\cos x$ 看成 u）

$=-2\cos x\sin x$

$=-\sin 2x.$

【例 8】 求 $y=\ln\sin x$ 的导数.

解 $y'=\dfrac{1}{\sin x}\cdot(\sin x)'$ （将 $\sin x$ 看成 u）

$=\dfrac{\cos x}{\sin x}=\cot x.$

【例 9】 求 $y=e^{1-2x}$ 的导数.

解 $y'=e^{1-2x}\cdot(1-2x)'$ （将 $1-2x$ 看成 u）

$=-2e^{1-2x}.$

技能训练 2.2

1. 求下列函数的导数：

(1) $y=5x^4-3x^2+x-2$； (2) $y=2\sqrt{x}+\dfrac{2}{\sqrt{x}}$；

(3) $y=x^5+5^x+5^5$； (4) $y=(x+2)(x+3)$；

(5) $y=(x^2+1)\ln x$； (6) $y=3^x e^x$；

(7) $y=x\sin x\ln x$； (8) $y=\dfrac{x+1}{x-1}$；

(9) $y=\dfrac{\ln x}{x}$； (10) $y=\dfrac{\sin t}{1+\cos t}$；

(11) $y=\dfrac{x}{\sin x}+\dfrac{\sin x}{x}$； (12) $y=\dfrac{1+\ln x}{1-\ln x}$.

2. 求下列函数的导数值：

(1) 已知 $f(x)=xe^x$，求 $f'(0)$；

(2) 已知 $f(x)=\dfrac{x}{4^x}$，求 $f'(1)$.

§2.3 高阶导数

一、问题的提出

在 2.1 节中，我们已经知道，变速直线运动的速度 $v(t)$ 是路程函数 $s(t)$ 对时间 t 的导数，即 $v(t)=\dfrac{ds}{dt}$ 或 $v(t)=s'(t)$. 在变速直线运动过程中，加速度 $a(t)$ 又是速度 $v(t)$

对时间 t 的变化率，即速度 $v(t)$ 对时间 t 的导数 $a(t)=v'(t)$. 也就是说，加速度 $a(t)$ 是路程函数 $s(t)$ 对时间 t 的导数的导数. 那么，数学上如何来刻画这个导数的导数呢?

二、高阶导数

为了解决这种变化率的变化率问题，即导数的导数，引进二阶导数的概念.

定义 2.3 一般地，函数 $y=f(x)$ 的导数 $y'=f'(x)$ 仍然是 x 的函数. 我们称 $y'=f'(x)$ 的导数为函数 $y=f(x)$ 的**二阶导数**，记做 y'' 或 $\frac{d^2y}{dx^2}$，即

$$y''=(y')' \quad 或 \quad \frac{d^2y}{dx^2}=\frac{d}{dx}\left(\frac{dy}{dx}\right).$$

相应地，把 $y=f(x)$ 的导数 $y'=f'(x)$ 叫做函数 $y=f(x)$ 的一阶导数.

所以，变速直线运动的加速度 $a(t)$ 就是路程函数 $s(t)$ 对时间 t 的二阶导数，即 $a(t)=v'(t)=s''(t)=\frac{d^2s}{dt^2}$.

类似地，二阶导数的导数，叫做三阶导数，三阶导数的导数叫做四阶导数.

一般地，$(n-1)$ 阶导数的导数叫做 n 阶导数，分别记做

$$y''', \ y^{(4)}, \ \cdots, \ y^{(n)} \quad 或 \quad \frac{d^3y}{dx^3}, \ \frac{d^4y}{dx^4}, \ \cdots, \ \frac{d^ny}{dx^n}.$$

二阶及二阶以上的导数统称为**高阶导数**.

函数 $y=f(x)$ 具有 n 阶导数，也常说成函数 $y=f(x)$ 为 n 阶可导. 如果函数 $y=f(x)$ 在 x 处具有 n 阶导数，那么 $y=f(x)$ 在 x 处的某一邻域内必定具有一切低于 n 阶的导数.

由此可见，求高阶导数就是多次接连地求导数. 所以，仍可运用 2.2 节学过的求导方法来计算高阶导数.

【例 1】 设 $f(x)=xe^{x^2}$，求 $f''(x)$.

解 先求一阶导数:

$$f'(x)=1\cdot e^{x^2}+x\cdot 2xe^{x^2}=e^{x^2}(1+2x^2).$$

再求二阶导数:

$$f''(x)=2xe^{x^2}(1+2x^2)+e^{x^2}\cdot 4x=2xe^{x^2}(3+2x^2).$$

【例 2】 设 $y=6x^3+3x^2+x+5$，求 y'''，$y^{(4)}$.

解 $y'=6\times 3x^2+6x+1$，

$y''=6\times 3\times 2x+6$，

$y'''=6\times 3\times 2=36$，

$y^{(4)}=0$.

【例 3】 求下列函数的 n 阶导数:

(1) $y=5^x$；　　(2) $y=e^{-2x}$.

解 (1) $y'=5^x\ln 5$，$y''=5^x(\ln 5)^2$，$\cdots$，$y^{(n)}=5^x(\ln 5)^n$.

(2) $y'=(-2)e^{-2x}$，$y''=(-2)^2e^{-2x}$，$\cdots$，$y^{(n)}=(-1)^n2^ne^{-2x}$.

【例4】 求指数函数 $y=e^x$ 的 n 阶导数.

解 $y'=e^x$，$y''=e^x$，$y'''=e^x$，$y^{(4)}=e^x$.

一般地，可得 $y^{(n)}=e^x$.

即
$$(e^x)^{(n)}=e^x.$$

【例5】 求正弦与余弦函数的 n 阶导数.

解 $y=\sin x$；

$$y'=\cos x=\sin\left(x+\frac{\pi}{2}\right);$$

$$y''=\cos\left(x+\frac{\pi}{2}\right)=\sin\left(x+\frac{\pi}{2}+\frac{\pi}{2}\right)=\sin\left(x+\frac{2\pi}{2}\right);$$

$$y'''=\cos\left(x+\frac{2\pi}{2}\right)=\sin\left(x+\frac{3\pi}{2}\right);$$

$$y^{(4)}=\cos\left(x+\frac{3\pi}{2}\right)=\sin\left(x+\frac{4\pi}{2}\right);$$

一般地，可得 $y^{(n)}=\sin\left(x+\frac{n\pi}{2}\right)$.

即
$$(\sin x)^{(n)}=\sin\left(x+\frac{n\pi}{2}\right).$$

用类似的方法，可得 $(\cos x)^{(n)}=\cos\left(x+\frac{n\pi}{2}\right)$.

【例6】(刹车测试) 在测试一汽车的刹车性能时发现，刹车后汽车行驶的距离 s(m)与时间 t(s)满足：$s(t)=19.2t-0.4t^3$. 假设汽车做直线运动，求汽车在 $t=4$ s时的速度和加速度.

解 汽车刹车后的速度为 $v(t)=\frac{ds}{dt}=(19.2t-0.4t^3)'=(19.2-1.2t^2)$(m/s)，

汽车刹车后的加速度为 $a(t)=\frac{dv}{dt}=(19.2-1.2t^2)'=-2.4t$(m/s^2).

当 $t=4$ s时，汽车的速度为 $v(4)=(19.2-1.2t^2)\Big|_{t=4}=0$(m/s)，

$t=4$ s时，汽车的加速度为 $a(4)=-2.4t\Big|_{t=4}=-9.6$(m/s^2).

技能训练 2.3

1. 求下列函数的二阶导数：

(1) $y=x\ln x$；　　(2) $y=e^{\sqrt{x}}$；

(3) $y=\sin^2 x$；　　(4) $y=e^{-2x^2}$；

(5) $y=\ln(1-x^2)$.

2. 验证函数 $y=\cos e^x+\sin e^x$ 满足关系式 $y''-y'+ye^{2x}=0$.

§2.4　函数的微分及应用

一、问题的提出

一个正方形的金属片的边长由 x_0 受热膨胀变到 $x_0+\Delta x$，那么，面积改变了多少？

这类问题可归纳为：对函数 $y=f(x)$，当自变量 x 在 x_0 处有改变量 Δx 时，求因变量的改变量

$$\Delta y=f(x_0+\Delta x)-f(x_0).$$

在实际应用中，有的问题要计算当 $|\Delta x|$ 有微小变化时的 Δy 的值.

一般而言，Δy 是 Δx 的一个较复杂的函数，计算 Δy 往往较困难. 这正是微分研究的基本出发点——要给出一个近似计算 Δy 的方法，并要达到两个要求：一是计算简便；二是近似程度好，即精度高.

二、函数的微分

设有一边长为 x 的正方形，它的面积 $S=x^2$ 是 x 的函数. 若边长由 x_0 改变了 Δx(增加或减少)，相应的正方形面积 S 的改变量 ΔS(增加或减少)为

$$\Delta S=(x_0+\Delta x)^2-x_0^2=2x_0\Delta x+(\Delta x)^2.$$

注意到面积的改变量由两部分组成：

第一部分 $2x_0\Delta x$ 是 Δx 的线性函数，即图 2-2 中两个小矩形面积；

第二部分 $(\Delta x)^2$ 是比 Δx 高阶的无穷小量. 即图 2-2中以 Δx 为边长的小正方形面积.

由此可见，当给边长 x_0 一个微小的改变量 Δx 时，由此所引起正方形面积的改变量 ΔS 可以近似地用第一部分——Δx 的线性函数 $2x_0\Delta x$ 来代替，这时所产生的误差是一个比 Δx 高阶的无穷小量.

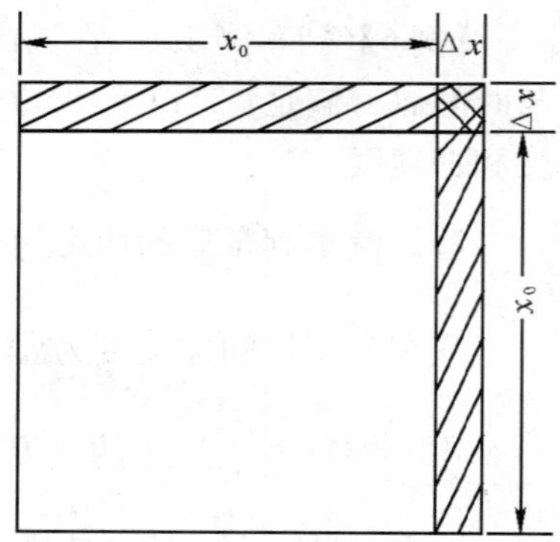

图 2-2

在上述问题中，对函数 $S=x^2$，有

$$S'=2x,\quad S'\Big|_{x=x_0}=2x_0.$$

这表明，用来近似代替面积改变量 ΔS 的 $2x_0\Delta x$，实际上是函数 $S=x^2$ 在 x_0 处的导数 $2x_0$ 与自变量 x 在 x_0 处的改变量 Δx 的乘积. 这种近似代替具有一般性.

事实上，若函数 $y=f(x)$在 x_0 处可导，即

$$\lim_{\Delta x\to 0}\frac{\Delta y}{\Delta x}=\lim_{\Delta x\to 0}\frac{f(x_0+\Delta x)-f(x_0)}{\Delta x}=f'(x_0).$$

由极限与无穷小量的关系，得

$$\frac{\Delta y}{\Delta x}=f'(x_0)+\alpha \quad 或 \quad \Delta y=f'(x_0)\Delta x+\alpha\Delta x,$$

其中 $\alpha\to0$(当 $\Delta x\to0$ 时).

上式说明，当自变量 x 在 x_0 处取得改变量 Δx 时，函数 y 相应的改变量 Δy 由两部分组成：

第一部分是 $f'(x_0)\Delta x$，其中 $f'(x_0)$是常数，它与 Δx 无关，若将 $f'(x_0)$视为系数，则 $f'(x_0)\Delta x$ 是 Δx 的线性函数；

第二部分是 $\alpha\Delta x$，当 $\Delta x\to0$ 时，它是比 Δx 高阶的无穷小.

这样，如果 $f'(x_0)\neq0$，那么当 $|\Delta x|$ 很小时，第一部分 $f'(x_0)\Delta x$ 就是 Δy 的主要部分. 若用 $f'(x_0)\Delta x$ 近似代替 Δy，正符合我们的要求：作为 Δx 线性函数的 $f'(x_0)\Delta x$既容易计算，而且所产生的误差仅是 $\alpha\Delta x$.

由以上分析可以看出，$f'(x_0)\Delta x$ 极为重要，我们将称它为函数 $y=f(x)$在 x_0 处的微分.

定义 2.4 若函数 $y=f(x)$在 x_0 处的增量 Δy 可表示为 $\Delta y=A\Delta x+o(x)$，其中 A 为不依赖于 Δx 的常数，则称函数 $y=f(x)$在 x_0 处**可微**，$A\Delta x$ 叫做 $f(x)$的**微分**，记做 $\mathrm{d}y$，即 $\mathrm{d}y=A\Delta x$.

若函数 $y=f(x)$在区间(a, b)内的每一点都可微，则称 $f(x)$为区间(a, b)内的**可微函数**.

可导与可微有如下关系.

定理 2.5 函数 $y=f(x)$在 x_0 处可微的充要条件是 $y=f(x)$在 x_0 处可导，且 $A=f'(x_0)$，即

$$\mathrm{d}y=f'(x_0)\Delta x.$$

说明：当 $y=x$ 时，$\Delta y=\Delta x$，由定理 2.5 有 $\mathrm{d}y=\Delta x$，所以 $\mathrm{d}x=\Delta x$，即自变量的微分 $\mathrm{d}x$ 就是自变量的增量 Δx. 从而

$$\mathrm{d}y=f'(x_0)\mathrm{d}x\Rightarrow\frac{\mathrm{d}y}{\mathrm{d}x}=f'(x_0).$$

也就是说，函数的微分 $\mathrm{d}y$ 与自变量的微分 $\mathrm{d}x$ 之商等于该函数的导数，因此，导数也叫做**微商**.

通常称函数 $y=f(x)$的微分 $\mathrm{d}y$ 为函数的改变量 Δy 的**线性主部**，并用 $\mathrm{d}y$ 近似代替 Δy. 当 $f'(x_0)\neq0$ 时，用微分 $\mathrm{d}y$ 作为改变量 Δy 的近似值.

【例 1】 求 $y=x^2+1$ 在 $x=1$，$\Delta x=0.1$ 的改变量与微分.

解 记 $y=f(x)=x^2+1$，则 $\Delta y=f(x+\Delta x)-f(x)=2x\Delta x+(\Delta x)^2$，

$$\Delta y\Big|_{\substack{x=1\\ \Delta x=0.1}}=0.21.$$

又 $\mathrm{d}y=f'(x)\Delta x=2x\Delta x$，所以 $\mathrm{d}y\Big|_{\substack{x=1\\ \Delta x=0.1}}=0.2$.

三、微分的计算

由定理 2.5 我们知道，如果函数 $y=f(x)$的导数 $f'(x)$已经算出，乘上自变量的微分 $\mathrm{d}x$，就得到了函数的微分 $\mathrm{d}y=f'(x)\mathrm{d}x$.

于是，由基本初等函数的导数公式、导数的四则运算法则及复合函数的导数公式，便有了如下微分公式和微分法则.

1. 微分基本公式

(1)$d(C)=0$；　　(2)$d(x^{\mu})=\mu x^{\mu-1}dx$；

(3)$d(a^x)=a^x\ln a dx$；　　(4)$d(e^x)=e^x dx$；

(5)$d(\log_a x)=\dfrac{dx}{x\ln a}$；　　(6)$d(\ln x)=\dfrac{dx}{x}$；

(7)$d(\sin x)=\cos x dx$；　　(8)$d(\cos x)=-\sin x dx$；

(9)$d(\tan x)=\sec^2 x dx$；　　(10)$d(\cot x)=-\csc^2 x dx$；

(11)$d(\sec x)=\sec x\tan x dx$；　　(12)$d(\csc x)=-\csc x\cot x dx$；

(13)$d(\arcsin x)=\dfrac{dx}{\sqrt{1-x^2}}$；　　(14)$d(\arccos x)=-\dfrac{dx}{\sqrt{1-x^2}}$；

(15)$d(\arctan x)=\dfrac{dx}{1+x^2}$；　　(16)$d(\text{arccot}\, x)=-\dfrac{dx}{1+x^2}$.

2. 函数的和、差、积、商的微分法则

设 $u=u(x)$，$v=v(x)$ 可微，则

(1)$d(u\pm v)=du\pm dv$；

(2)$d(uv)=udv+vdu$；

(3)$d(Cu)=Cdu$；(C 为常数)

(4)$d\left(\dfrac{u}{v}\right)=\dfrac{vdu-udv}{v^2}$.

3. 复合函数的微分法则

设 $y=f(u)$ 及 $u=\varphi(x)$ 都可微，则复合函数 $y=f[\varphi(x)]$ 的微分

$$dy=y'_x dx=f'(u)\varphi'(x)dx.$$

由于 $\varphi'(x)dx=du$，所以复合函数 $y=f[\varphi(x)]$ 的微分也可以写成

$$dy=f'(u)du.$$

由此可见，无论 u 是自变量还是另一个变量的可微函数，微分形式 $dy=f'(u)du$ 保持不变. 这一性质称为**微分形式的不变性**.

【例 2】 求下列函数的微分：

(1)$y=e^x\sin x$；　　(2)$y=\sin(2x+1)$.

解 先求导数，再求微分.

(1)因为 $y'=(e^x\sin x)'=e^x\sin x+e^x\cos x$，所以

$$dy=y'dx=e^x(\sin x+\cos x)dx.$$

(2)因为 $y'=2\cos(2x+1)$，所以

$$dy=y'dx=2\cos(2x+1)dx.$$

【例 3】 填空：

(1)$d(\quad)=xdx$；　　(2)$d(\quad)=\dfrac{dx}{2\sqrt{x}}$；

(3)$d(\quad)=-\frac{dx}{x^2}$；　　(4)$d(\quad)=\cos\omega t dt(\omega\neq0)$.

解　(1)$d\left(\frac{1}{2}x^2+C\right)=xdx$；(其中$C$为任意常数)

(2)$d(\sqrt{x}+C)=\frac{dx}{2\sqrt{x}}$；(其中$C$为任意常数)

(3)$d\left(\frac{1}{x}+C\right)=-\frac{dx}{x^2}$；(其中$C$为任意常数)

(4)$d\left(\frac{1}{\omega}\sin\omega x+C\right)=\cos\omega t dt(\omega\neq0)$.(其中$C$为任意常数)

四、微分的几何意义

对于可微函数$y=f(x)$，如图2-3，当Δy是曲线$y=f(x)$上的点的纵坐标的增量时，dy就是曲线的切线上点的纵坐标的相应增量．当$|\Delta x|$很小时，$|\Delta y-dy|$比$|\Delta x|$小得多．因此，在点$M(x_0,y_0)$的邻近，可以用切线段来近似代替曲线段(即以直代曲)．

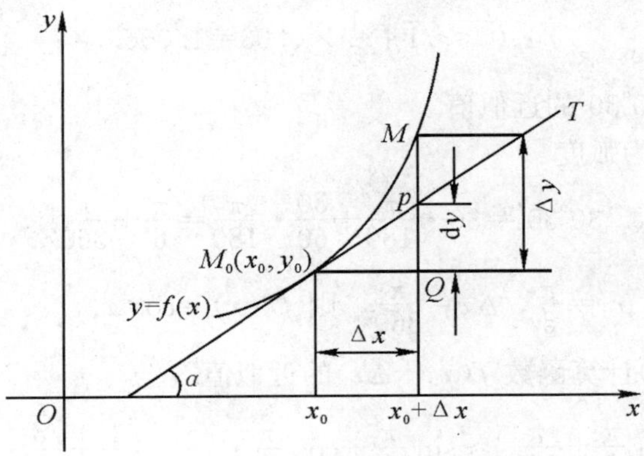

图 2-3

五、微分的应用

前面已经说明，对函数$y=f(x)$，如果$f'(x_0)\neq0$，那么当$|\Delta x|$很小时，可用该函数在x_0处的微分dy近似代替改变量Δy，即

$$\Delta y\approx dy\Big|_{x=x_0}.$$

而

$$\Delta y=f(x_0+\Delta x)-f(x_0),$$

$$dy\Big|_{x=x_0}=f'(x_0)\Delta x.$$

由此，我们有两个近似公式

$$\Delta y\approx f'(x_0)\Delta x,\tag{2.6}$$

$$f(x_0+\Delta x)\approx f(x_0)+f'(x_0)\Delta x.\tag{2.7}$$

其中，(2.6)式是将函数 $y=f(x)$ 在 x_0 处的改变量 Δy，用它在 x_0 处的微分 $f'(x_0)\Delta x$ 近似代替；(2.7)式是将函数 $y=f(x)$ 在 $x_0+\Delta x$ 处的函数值 $f(x_0+\Delta x)$，用它在 x_0 处的函数值 $f(x_0)$ 与它在 x_0 处的微分 $f'(x_0)\Delta x$ 之和来近似代替.

【例 4】 求 $\sqrt[5]{1.03}$ 的近似值.

分析 求近似值可想到用微分. $\sqrt[5]{1.03}$ 可看做是函数 $f(x)=\sqrt[5]{x}$ 在 $x=1.03$ 处的函数值，这是求函数值的问题，应用公式(2.7).

由于 $1.03=1+0.03$，而 $\sqrt[5]{1}$ 易于计算且 0.03 较小，可把 1 看做是(2.7)式中的 x_0，0.03 看做是 Δx.

解 设 $f(x)=\sqrt[5]{x}$，$x_0=1$，$\Delta x=0.03$.

由于 $f(1.03)=\sqrt[5]{1.03}$，$f(1)=\sqrt[5]{1}=1$，

且
$$f'(x)=\frac{1}{5}x^{-\frac{4}{5}},\ f'(1)=\frac{1}{5}.$$

所以由(2.7)式，有
$$f(1.03)\approx f(1)+f'(1)\times 0.03.$$

即
$$\sqrt[5]{1.03}\approx\sqrt[5]{1}+\frac{1}{5}\times 0.03=1.006.$$

【例 5】 求 $\sin 30°30'$ 的近似值.

解 将 $30°30'$ 化为弧度
$$30°30'=30\cdot\frac{\pi}{180}+\frac{30}{60}\cdot\frac{\pi}{180}=\frac{\pi}{6}+\frac{\pi}{360}.$$

设 $f(x)=\sin x$，$x_0=\frac{\pi}{6}$，$\Delta x=\frac{\pi}{360}$，则 $f'(x)=\cos x$.

由近似公式(2.7)计算函数 $f(x_0+\Delta x)$ 的近似值.
$$\sin 30°30'=\sin\left(\frac{\pi}{6}+\frac{\pi}{360}\right)\approx\sin\frac{\pi}{6}+\cos\frac{\pi}{6}\cdot\frac{\pi}{360}=\frac{1}{2}+\frac{\sqrt{3}}{2}\cdot\frac{\pi}{360}\approx 0.5076.$$

【例 6】 有一批半径为 1 厘米的球，为了提高球面光洁度，要镀上一层铜，厚度定为 0.01 厘米，试估计每只球需用多少克铜.(铜的密度是 8.9 克/厘米^3)

解 镀铜前的球半径为 $R_0=1$(厘米)，镀铜后球的半径的增量为 $\Delta R=0.01$(厘米).

因为球的体积公式是 $V=\frac{4}{3}\pi R^3$，这里 R 是球的半径，所以镀铜层的体积为
$$\begin{aligned}\Delta V&=V(R_0+\Delta R)-V(R_0)\\&\approx V'(R_0)\cdot\Delta R\\&=4\pi R_0^2\Delta R\\&=4\pi\times 1^2\times 0.01\approx 0.13(\text{厘米}^3).\end{aligned}$$

每只球约需要铜 $0.13\times 8.9=1.16$(克).

【例 7】 证明如下一次近似式：

(1) $e^x\approx 1+x$；　　(2) $\ln(1+x)\approx x$.

证明 (1)令 $f(x)=e^x$，则 $f'(x)=e^x$.

当 $x_0=0$ 时，$f(0)=1$，$f'(0)=1$.

由 $f(x)\approx f(0)+f'(0)x$ 得 $f(x)\approx 1+x$，即 $e^x\approx 1+x$.

(2)令 $f(x)=\ln(1+x)$，则 $f'(x)=\dfrac{1}{1+x}$.

当 $x_0=0$ 时，$f(0)=0$，$f'(0)=1$.

由 $f(x)\approx f(0)+f'(0)x$ 得 $f(x)\approx x$，即 $\ln(1+x)\approx x$.

技能训练 2.4

1. 若 $x_0=1$，而 $\Delta x=0.1$，0.01，则对于 $y=x^2$，Δy 与 dy 之差分别是多少？

2. 求下列函数的微分：

(1) $y=\cos x^2$；　(2) $y=\dfrac{\cos x}{1-x^2}$；

(3) $y=\sqrt{1-x^2}$；　(4) $y=e^x\cos 3x$；

(5) $y=(e^x+e^{-x})^2$；　(6) $y=\ln\sin x$.

3. 求下列各数的近似值：

(1) $\sqrt[5]{0.95}$；　(2) $\cos 60°20'$.

4. 一平面圆形环，其外径为10厘米，宽为0.01厘米，求圆环面积的近似值.

习题 2

1. 选择题

(1)函数 $f(x)$ 在 x_0 处可导，则极限 $\lim\limits_{x\to x_0}f(x)=($　$)$；

A. $f'(x)$　B. 0　C. $f(x_0)$　D. 无法确定

(2)已知函数 $f(x)$ 在 x_0 处可导，则极限 $\lim\limits_{\Delta x\to 0}\dfrac{f(x_0-3\Delta x)-f(x_0)}{\Delta x}=($　$)$；

A. $-3f'(x_0)$　B. $3f'(x_0)$　C. $-\dfrac{1}{3}f'(x_0)$　D. $\dfrac{1}{3}f'(x_0)$

(3)函数 $f(x)$ 在 x_0 处连续是在该点处可导的(　)；

A. 必要条件　B. 充分条件　C. 充要条件　D. 无关条件

(4)设函数 $f(x)$ 在区间 (a, b) 内连续，且 $x_0\in(a, b)$，则在 x_0 处(　)；

A. $f(x)$ 没有定义

B. $f(x)$ 的极限不存在

C. $f(x)$ 的极限存在，但不一定可导

D. $f(x)$ 的极限存在，且可导

(5)下列运算不正确的是(　　);

A. $\left(\dfrac{x}{\sin x}\right)'=\dfrac{\sin x-x\cos x}{\sin^2 x}$　　B. $\left(\dfrac{1}{\cos x}\right)'=\dfrac{\sin x}{\cos^2 x}$

C. $\left(\dfrac{1}{\sin x}\right)'=-\dfrac{1}{\cos x}$　　D. $\left(\dfrac{4}{x}\right)'=-\dfrac{4}{x^2}$

(6)设函数 $f(x)=x\ln x$,且 $f'(x_0)=2$,则 $f(x_0)=$(　　);

A. 1　　B. $\dfrac{2}{e}$　　C. $\dfrac{e}{2}$　　D. e

(7)下列函数中在 $x=0$ 处导数值为 0 的是(　　);

A. x^2+x　　B. $\dfrac{x+1}{x-1}$　　C. $x+e^{-x}$　　D. $\dfrac{x}{\cos x}$

(8)曲线 $y=1+\sqrt{x}$ 在 $x=4$ 处的切线方程是(　　);

A. $y=-\dfrac{1}{4}x+2$　　B. $y=\dfrac{1}{4}x-2$

C. $y=\dfrac{1}{4}x+2$　　D. $y=-\dfrac{1}{4}x-2$

(9)已知 $y=\sin x$,则 $y^{(4)}=$(　　);

A. $\sin x$　　B. $\cos x$　　C. $-\sin x$　　D. $-\cos x$

(10)函数 $f(x)$ 在 x_0 处可导是在该点处可微的(　　).

A. 必要条件　　B. 充分条件　　C. 充要条件　　D. 无关条件

2. 求下列函数的导数:

(1)$y=\dfrac{x}{4}+4x^4+4\ln 3$;　　(2)$y=\dfrac{x^6}{6}+\dfrac{6}{x^6}$;

(3)$y=\sqrt{x^3}+3\sqrt[3]{x^2}$;　　(4)$y=\log_2 x-\log_5 x$;

(5)$y=x^e+e^x+e^e$;　　(6)$y=5^x-x^5$.

3. 求下列函数的导数:

(1)$y=e^x\tan x$;　　(2)$y=10^x\lg x$;

(3)$y=x^2\ln x$;　　(4)$y=(x+2)e^x$;

(5)$y=x^2 2^x$;　　(6)$y=x\sin x\ln x$.

4. 求下列函数的导数:

(1)$y=(1+2x)^{10}$;　　(2)$y=\dfrac{1}{\sqrt{1+x^2}}$;

(3)$y=2^{x^2}$;　　(4)$y=e^{\sqrt{x}}$;

(5)$y=\lg(1+10^x)$;　　(6)$y=\ln(x+1)$.

5. 求下列函数在给定点处的导数:

(1)$f(x)=x^3-3^x+\ln 3$,求 $f'(3)$;

(2)$f(x)=(x+2)\log_2 x$,求 $f'(2)$;

(3)$f(x)=\sin\dfrac{1}{x}$,求 $f'\left(\dfrac{1}{\pi}\right)$;

(4) $f(x)=\cos\sqrt{x}$，求 $f'(\pi^2)$.

6. 求曲线在指定点处的切线方程：

(1)曲线 $y=\ln x$ 在点(1，0)处；

(2)曲线 $y=x^3-x$ 在点(1，0)处.

7. 求下列函数的二阶导数：

(1) $y=x^4-2x^3+3$；　　(2) $y=x^3\ln x$；

(3) $y=e^{-x}\sin x$；　　(4) $y=\sin^2 x$.

8. 求下列函数的 n 阶导数：

(1) $y=e^{ax}$；　　(2) $y=\ln(1-x)$；　　(3) $y=xe^x$.

9. 求下列函数的微分：

(1) $y=4x^3-x^4$；　　(2) $y=\dfrac{x}{\sin x}$；

(3) $y=3^{\ln x}$；　　(4) $y=e^x\sin x$.

10. 求下列各数的近似值：

(1) $\sqrt[3]{1.05}$；　　(2) $e^{0.05}$.

第3章　导数的应用

在第2章中，我们通过变化率问题引入了导数的概念，并讨论了导数的基本计算方法．本章我们将介绍如何利用导数来研究函数的性质，主要包括函数的单调性、极值和最值等，并进一步研究导数的计算方法，以及利用这些知识解决一些简单实际问题．

§3.1　微分中值定理

微分中值定理是连接微分学理论与应用的桥梁，它是研究函数整体性质强有力的工具．

一、罗尔(Rolle)中值定理

引理(费马 Fermat 定理)　设 $f(x)$在 x_0 可导，并且在 x_0 的某邻域 $U(x_0, \delta)$内恒有 $f(x)\geqslant f(x_0)$(或 $f(x)\leqslant f(x_0)$)，则 $f'(x_0)=0$．

证明　仅证在 x_0 的邻域 $U(x_0, \delta)$内恒有 $f(x)\geqslant f(x_0)$的情形．

由已知得
$$\frac{f(x)-f(x_0)}{x-x_0}\begin{cases}\geqslant 0, & x>x_0,\\ \leqslant 0, & x<x_0.\end{cases}$$

从而
$$f'_+(x_0)=\lim_{x\to x_0^+}\frac{f(x)-f(x_0)}{x-x_0}\geqslant 0;$$
$$f'_-(x_0)=\lim_{x\to x_0^-}\frac{f(x)-f(x_0)}{x-x_0}\leqslant 0.$$

因为 $f(x)$在 x_0 可导，所以，$f'(x_0)=f'_+(x_0)=f'_-(x_0)$．

所以 $f'(x_0)=0$．

定理 3.1(罗尔中值定理)　如果函数 $f(x)$满足：

(1) $f(x)$在闭区间$[a, b]$上连续；

(2) $f(x)$在开区间(a, b)内可导；

(3) $f(a)=f(b)$．

则在(a, b)内至少存在一点 ξ，使得 $f'(\xi)=0$．

证明　由闭区间上连续函数的性质，$f(x)$在$[a, b]$上必能取到最小值 m 和最大值 M．

如果 $m=M$，那么 $f(x)$为常值函数，于是 $\forall x\in[a, b]$有 $f'(x)=0$．

如果 $m\neq M$，那么 $M>m$，于是，$M\neq f(a)$，$m\neq f(a)$至少有一个成立，不妨设 $f(a)\neq M$．则由条件(3)，在(a, b)内至少存在一点 ξ，使 $f(\xi)=M$．

因为 $f(x)$ 在点 ξ 处可导，所以由费马定理得 $f'(\xi)=0$.

注意：

(1)罗尔中值定理中的三个条件是充分条件，缺一不可，只要有一个条件不满足，结论都有可能不成立.

(2)罗尔中值定理的几何意义如下.

如果区间 $[a, b]$ 上的连续曲线 $y=f(x)$ 除端点之外每一点都存在不垂直于 x 轴的切线，并且曲线的两个端点在同一水平线上，那么在区间 (a, b) 内至少存在一点，使得曲线过该点的切线为水平切线.（如图 3-1）

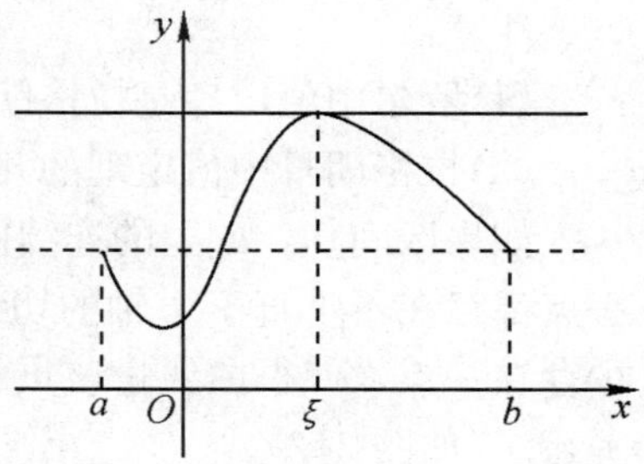

图 3-1

(3)罗尔中值定理结论中的 ξ 值不一定唯一，可能有 1 个、几个甚至无限多个.

【例 1】 设 $f(x)=(x-1)(x-2)(x-3)(x-4)$，说明方程 $f'(x)=0$ 有几个实根.

解 不难验证 $f(x)$ 在 $[1, 2]$、$[2, 3]$、$[3, 4]$ 上满足罗尔中值定理的条件，由罗尔中值定理，方程 $f'(x)=0$ 分别在区间 $(1, 2)$、$(2, 3)$、$(3, 4)$ 内至少各有 1 个实根. 又 $f'(x)=0$ 是 3 次方程，所以，该方程至多有 3 个实根，所以方程 $f'(x)=0$ 有且仅有 3 个不同的实根，它们分别位于区间 $(1, 2)$、$(2, 3)$、$(3, 4)$ 内.

【例 2】 证明方程 $4x^3-3x^2+2x-1=0$ 在 $(0, 1)$ 内至少有 1 个实根.

证明 令 $f(x)=x^4-x^3+x^2-x$，则 $f(x)$ 在 $[0, 1]$ 上满足罗尔中值定理的全部条件，由罗尔中值定理，至少存在一点 $\xi\in(0, 1)$，使得 $f'(\xi)=0$，即方程 $4x^3-3x^2+2x-1=0$ 在 $(0, 1)$ 内至少有 1 个实根.

二、拉格朗日(Lagrange)中值定理

定理 3.2(拉格朗日中值定理) 如果函数 $f(x)$ 满足：

(1) $f(x)$ 在闭区间 $[a, b]$ 上连续；

(2) $f(x)$ 在开区间 (a, b) 内可导.

则在 (a, b) 内至少存在一点 ξ，使得

$$f'(\xi)=\frac{f(b)-f(a)}{b-a}.$$

分析 这个定理与罗尔中值定理相比，它少了一个条件：$f(a)=f(b)$.

现在我们把问题逆过来讨论.

$$f'(\xi)=\frac{f(b)-f(a)}{b-a}\Leftrightarrow f'(\xi)-\frac{f(b)-f(a)}{b-a}=0$$

$$\Leftrightarrow\left[f(x)-\frac{f(b)-f(a)}{b-a}x\right]'\Bigg|_{x=\xi}=0.$$

只要考察函数 $\Phi(x)=f(x)-\dfrac{f(b)-f(a)}{b-a}x$ 是否满足罗尔中值定理的全部条件即可.

证明 作辅助函数 $\Phi(x)=f(x)-\dfrac{f(b)-f(a)}{b-a}x$.

显然 $\Phi(x)$ 在区间 $[a, b]$ 上满足罗尔中值定理的条件(1)、(2)，并且 $\Phi(a)=\dfrac{bf(a)-af(b)}{b-a}=\Phi(b)$.

由罗尔中值定理，在 (a, b) 内至少存在一点 ξ，使 $\Phi'(\xi)=f'(\xi)-\dfrac{f(b)-f(a)}{b-a}=0$.

即 $f'(\xi)=\dfrac{f(b)-f(a)}{b-a}$.

注意：

(1)罗尔中值定理是拉格朗日中值定理 $f(a)=f(b)$ 的特殊情形.

(2)拉格朗日中值定理的几何意义如下.

如果区间 $[a, b]$ 上的连续曲线 $y=f(x)$ 除端点之外每一点都存在不垂直于 x 轴的切线，那么在区间 (a, b) 内至少存在一点，使得曲线过该点的切线与过曲线端点的割线平行.(如图 3-2)

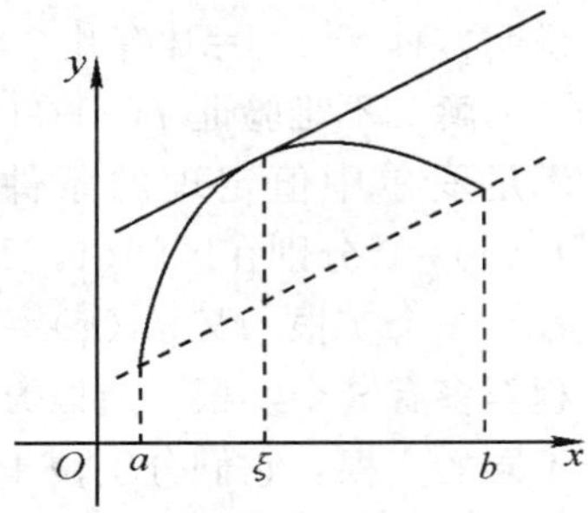

图 3-2

(3)结论中的 ξ 值不一定唯一，可能有 1 个、几个甚至无限多个.

(4)拉格朗日中值定理的结论常称为**拉格朗日中值公式**，它有几种常用的等价形式，可根据不同问题的特点，在不同场合灵活采用.

$$f(b)-f(a)=f'(\xi)(b-a),\quad \xi\in(a, b);$$
$$f(b)-f(a)=f'[a+\theta(b-a)](b-a),\quad \theta\in(0, 1);$$
$$f(a+h)-f(a)=f'(a+\theta h)h,\quad \theta\in(0, 1).$$

推论 1 如果在 (a, b) 内 $f'(x)=0$，那么在 (a, b) 内 $f(x)$ 为常值函数.

证明 任取 $x_1, x_2\in(a, b)$，且 $x_1<x_2$，则函数 $f(x)$ 在 $[x_1, x_2]$ 上满足拉格朗日中值定理的条件，所以存在 $\xi\in(x_1, x_2)$，使得 $f(x_2)-f(x_1)=(x_2-x_1)\cdot f'(\xi)$.

因为 $f'(\xi)=0$，所以 $f(x_2)-f(x_1)=0$，即 $f(x_2)=f(x_1)$.

由 x_1，x_2 在 (a, b) 内的任意性，可知 $f(x)$ 在 (a, b) 内为常值函数.

推论 2 若对 (a, b) 内的任意 x 都有 $f'(x)=g'(x)$，则有 $f(x)-g(x)=C$，其中 C 是常数.

证明 令 $F(x)=f(x)-g(x)$，则 $F'(x)=0$，由推论 1 知 $F(x)$ 在 (a, b) 内为常值函数，即 $f(x)-g(x)=C$.

【例 3】 函数 $f(x)=\dfrac{1}{x}$ 在区间 $[1, 2]$ 上是否满足拉格朗日中值定理的条件？若满足，求适合定理的 ξ 值.

解 因为 $f(x)=\dfrac{1}{x}$ 是初等函数，在闭区间 $[1, 2]$ 上连续，且在开区间 $(1, 2)$ 内可

导，且 $f'(x)=-\dfrac{1}{x^2}$，所以函数 $f(x)=\dfrac{1}{x}$ 在区间[1，2]上满足拉格朗日中值定理的条件.

由拉格朗日中值定理得

$$f(2)-f(1)=f'(\xi)(2-1),$$

即 $\dfrac{1}{2}-1=-\dfrac{1}{\xi^2}$，解得 $\xi=\sqrt{2}$.

三、柯西(Cauchy)中值定理

定理 3.3(柯西中值定理)　如果函数 $f(x)$ 和 $g(x)$ 满足：

(1) $f(x)$ 和 $g(x)$ 在闭区间 $[a, b]$ 上连续；

(2) $f(x)$ 和 $g(x)$ 在开区间 (a, b) 内可导，且 $g'(x)\neq 0$.

则在 (a, b) 内至少存在一点 ξ，使得

$$\frac{f(b)-f(a)}{g(b)-g(a)}=\frac{f'(\xi)}{g'(\xi)}.$$

证明　因为 $g'(x)\neq 0$，所以 $g(b)-g(a)\neq 0$.（若 $g(b)-g(a)=0$，则 $g(x)$ 满足罗尔中值定理的条件，即在 (a, b) 内至少存在一点 ξ，使得 $g'(\xi)=0$，这与已知 $g'(x)\neq 0$ 矛盾）

作辅助函数 $F(x)=f(x)-\dfrac{f(b)-f(a)}{g(b)-g(a)}[g(x)-g(a)]$，不难验证 $F(x)$ 在 $[a, b]$ 上满足罗尔中值定理的全部条件，所以在 (a, b) 内至少存在一点 ξ，使 $F'(\xi)=0$.

即

$$f'(\xi)-\frac{f(b)-f(a)}{g(b)-g(a)}g'(\xi)=0.$$

因为 $g'(x)\neq 0$，所以

$$\frac{f(b)-f(a)}{g(b)-g(a)}=\frac{f'(\xi)}{g'(\xi)}.$$

注意：

在柯西中值定理中，令 $g(x)=x$，就得到拉格朗日中值定理.

通过上面的讨论我们知道，柯西中值定理是拉格朗日中值定理的推广，拉格朗日中值定理又是罗尔中值定理的推广.

技能训练 3.1

1. 选择题

下列函数中，在给定区间上不满足拉格朗日中值定理条件的是(　　).

A. $f(x)=\dfrac{2x}{1+x^2}$，$[-1, 1]$

B. $f(x)=|x-1|$，$[0, 3]$

C. $f(x)=3x^2+5x+2$，$[0, 1]$

D. $f(x)=\ln(1+x^2)$, $[0,\ 3]$

2. 填空题

已知函数 $f(x)=\ln x$ 在区间 $[1,\ 2]$ 内满足拉格朗日中值定理的条件，则使得 $f(b)-f(a)=f'(x_0)(b-a)$ 的 $x_0=$________.

§3.2 洛必达法则

在求函数极限时，我们经常会遇到类似下面的问题：

(1) $\lim\limits_{x\to1}\dfrac{x^2-1}{x-1}$；　　　　(2) $\lim\limits_{x\to+\infty}\dfrac{x}{\sqrt{1+x^2}}$.

如果当 $x\to x_0$ 或 $x\to\infty$ 时，两个函数 $f(x)$，$g(x)$ 都趋向于 0 或趋向于无穷大，这时 $\dfrac{f(x)}{g(x)}$ 的极限可能存在也可能不存在，通常把上述极限叫做**未定式**，并分别记为 $\dfrac{0}{0}$ 型或 $\dfrac{\infty}{\infty}$ 型. 例如，上面的(1)是 $\dfrac{0}{0}$ 型极限问题，(2)是 $\dfrac{\infty}{\infty}$ 型极限问题.

我们知道，对于未定型极限，不能直接用极限四则运算法则. 第 1 章中，我们一般都是采用恒等变形，然后再进行计算. 作为导数的应用，本节我们介绍一种较为便捷的方法——洛必达法则，用它就可以比较便利地解决以上两种类型的极限.

一、洛必达(L'Hospital)法则

对于函数的极限，有以下几种类型：

$$x\to x_0,\ x\to x_0^+,\ x\to x_0^-,\ x\to\infty,\ x\to+\infty,\ x\to-\infty.$$

这些类型的极限，除了自变量的变化过程不同之外，其本质是完全一致的，因此，以下法则仅以 $x\to x_0$ 的变化过程给出，对于其他类型，其结论是一致的.

定理 3.4 如果

(1) $\lim\limits_{x\to x_0}f(x)=\lim\limits_{x\to x_0}g(x)=0$；

(2) $f(x)$，$g(x)$ 在 x_0 的某去心邻域 $U^\circ(x_0,\ \delta)$ 内可导，并且 $g'(x)\neq0$；

(3) $\lim\limits_{x\to x_0}\dfrac{f'(x)}{g'(x)}=A$（$A$ 为有限数，也可为无穷大）.

那么 $\lim\limits_{x\to x_0}\dfrac{f(x)}{g(x)}=\lim\limits_{x\to x_0}\dfrac{f'(x)}{g'(x)}=A$.

证明 因为 $\lim\limits_{x\to x_0}f(x)=\lim\limits_{x\to x_0}g(x)=0$，所以可假定 $f(x_0)=g(x_0)=0$. 那么，$\forall x\in U^\circ(x_0,\ \delta)$，$f(x)$，$g(x)$ 在 $[x_0,\ x]$（或者 $[x,\ x_0]$）上满足柯西中值定理的所有条件，由柯西中值定理，有 $\dfrac{f(x)-f(x_0)}{g(x)-g(x_0)}=\dfrac{f'(\xi)}{g'(\xi)}$，$\xi\in(x_0,\ x)$（或者 $\xi\in(x,\ x_0)$），当 $x\to x_0$ 时必导致 $\xi\to x_0$，所以

$$\lim_{x\to x_0}\frac{f(x)}{g(x)}=\lim_{x\to x_0}\frac{f(x)-f(x_0)}{g(x)-g(x_0)}=\lim_{\xi\to x_0}\frac{f'(\xi)}{g'(\xi)}=A.$$

说明：对于$\frac{\infty}{\infty}$型，有类似于定理 3.4 的洛必达法则，只需将定理 3.4 中的“$\lim\limits_{x\to x_0}f(x)=\lim\limits_{x\to x_0}g(x)=0$”替换成“$\lim\limits_{x\to x_0}f(x)=\lim\limits_{x\to x_0}g(x)=\infty$”，其他条件不变，其结论仍然是

$$\lim_{x\to x_0}\frac{f(x)}{g(x)}=\lim_{x\to x_0}\frac{f'(x)}{g'(x)}=A.$$

【例 1】 求$\lim\limits_{x\to 0}\frac{\sin 3x}{\tan 5x}$.

解 这是$\frac{0}{0}$型的未定式极限，运用洛必达法则有

$$\lim_{x\to 0}\frac{\sin 3x}{\tan 5x}=\lim_{x\to 0}\frac{(\sin 3x)'}{(\tan 5x)'}=\lim_{x\to 0}\frac{3\cos 3x}{5\sec^2 5x}=\frac{3}{5}.$$

【例 2】 求$\lim\limits_{x\to +\infty}\frac{\ln x}{x^n}$.（$n>0$）

解 这是$\frac{\infty}{\infty}$型的未定式极限，运用洛必达法则有

$$\lim_{x\to +\infty}\frac{\ln x}{x^n}=\lim_{x\to +\infty}\frac{(\ln x)'}{(x^n)'}=\lim_{x\to +\infty}\frac{\frac{1}{x}}{nx^{n-1}}=\lim_{x\to +\infty}\frac{1}{nx^n}=0.$$

【例 3】 求$\lim\limits_{x\to 0}\frac{e^x-e^{-x}-2x}{x-\sin x}$.

解 $\lim\limits_{x\to 0}\frac{e^x-e^{-x}-2x}{x-\sin x}\left(\frac{0}{0}\right)=\lim\limits_{x\to 0}\frac{e^x+e^{-x}-2}{1-\cos x}\left(\frac{0}{0}\right)$

$=\lim\limits_{x\to 0}\frac{e^x-e^{-x}}{\sin x}\left(\frac{0}{0}\right)=\lim\limits_{x\to 0}\frac{e^x+e^{-x}}{\cos x}=2.$

注意：

在使用洛必达法则时，若$\lim\limits_{x\to x_0}\frac{f'(x)}{g'(x)}$还是$\frac{0}{0}$型未定式，且函数$f'(x)$与$g'(x)$仍满足洛必达法则的条件，则可继续使用洛必达法则，即$\lim\limits_{x\to x_0}\frac{f(x)}{g(x)}=\lim\limits_{x\to x_0}\frac{f'(x)}{g'(x)}=\lim\limits_{x\to x_0}\frac{f''(x)}{g''(x)}$.

二、其他类型的未定式极限

对于未定式，除了上述两大基本类型之外，还有

$$0\cdot\infty,\ \infty-\infty,\ 1^{\infty},\ 0^0,\ \infty^0$$

等类型，这些类型的极限，都可以经过适当的恒等变换，转化成$\frac{0}{0}$型或$\frac{\infty}{\infty}$型.

作为符号演算，我们把这些类型的基本变形方法表述如下：

$0\cdot\infty=\frac{0}{\frac{1}{\infty}}=\frac{0}{0}$，或者$0\cdot\infty=\frac{\infty}{\frac{1}{0}}=\frac{\infty}{\infty}$；

$1^{\infty}=e^{\ln 1^{\infty}}=e^{\infty\cdot\ln 1}$，问题转化为$0\cdot\infty$型了；

0^0 和∞^0 型的处理方法与 1^∞ 型相同；

$\infty-\infty=\frac{1}{\frac{1}{\infty}}-\frac{1}{\frac{1}{\infty}}=\frac{\frac{1}{\infty}-\frac{1}{\infty}}{\frac{1}{\infty}\cdot\frac{1}{\infty}}=\frac{0}{0}$.

下面我们通过具体的例子说明解决这些类型的极限的基本方法.

【例 4】 求 $\lim\limits_{x\to 0^+} x\ln x$.

解 这是 $0\cdot\infty$型的未定式极限.

$$\lim_{x\to 0^+} x\ln x=\lim_{x\to 0^+}\frac{\ln x}{\frac{1}{x}}=\lim_{x\to 0^+}\frac{(\ln x)'}{\left(\frac{1}{x}\right)'}=\lim_{x\to 0^+}\frac{\frac{1}{x}}{-\frac{1}{x^2}}=\lim_{x\to 0^+}(-x)=0.$$

说明：$0\cdot\infty$型要转化成$\frac{0}{0}$型或者$\frac{\infty}{\infty}$型来计算，究竟转化成$\frac{0}{0}$型还是转化成$\frac{\infty}{\infty}$型，要具体问题具体分析. 本例是转化成$\frac{\infty}{\infty}$型来计算的，如果转化成$\frac{0}{0}$型能否求出结果呢？答案是否定的.

一般情况下，形如$\lim\limits_{x\to x_0} f(x)\cdot\ln g(x)$的 $0\cdot\infty$型问题，都是转化成$\lim\limits_{x\to x_0}\frac{\ln g(x)}{\frac{1}{f(x)}}$，再用洛必达法则计算.

【例 5】 求 $\lim\limits_{x\to 0^+} x^x$.

解 这是 0^0 型的未定式极限.

因为 $\lim\limits_{x\to 0^+} x^x=\lim\limits_{x\to 0^+} e^{x\ln x}$，再根据例 4 有

$$\lim_{x\to 0^+} x\ln x=0.$$

所以 $\lim\limits_{x\to 0^+} x^x=e^0=1$.

【例 6】 求$\lim\limits_{x\to 0}(\cos x)^{\csc^2 x}$.

解 这是 1^∞型的未定式极限.

因为$\lim\limits_{x\to 0}(\cos x)^{\csc^2 x}=\lim\limits_{x\to 0} e^{\csc^2 x\ln\cos x}$，而

$$\lim_{x\to 0}\csc^2 x\ln\cos x=\lim_{x\to 0}\frac{\ln\cos x}{\sin^2 x}=\lim_{x\to 0}\frac{(\ln\cos x)'}{(\sin^2 x)'}=\lim_{x\to 0}\frac{-\tan x}{2\sin x\cos x}=-\frac{1}{2},$$

所以$\lim\limits_{x\to 0}(\cos x)^{\csc^2 x}=e^{-\frac{1}{2}}$.

说明：1^∞，0^0 或∞^0 型未定式，一般都要通过关系式 $x=e^{\ln x}$进行转化，这种方法可归纳如下.

若 $y=f(x)^{g(x)}$，则 $\ln y=\ln f(x)^{g(x)}=g(x)\ln f(x)$. 然后再根据类型情况，对$\lim\limits_{x\to x_0} g(x)\ln f(x)$做下一步的计算. 最后若求得$\lim\limits_{x\to x_0} g(x)\ln f(x)=k$，则

$$\lim_{x\to x_0} f(x)^{g(x)}=e^k.$$

【例 7】 求$\lim\limits_{x\to 0}\left(\frac{1}{x}-\frac{1}{e^x-1}\right)$.

解 这是$\infty-\infty$型的未定式极限，可直接通分后转化成$\frac{0}{0}$型.

$$\lim_{x\to 0}\left(\frac{1}{x}-\frac{1}{e^x-1}\right)=\lim_{x\to 0}\frac{e^x-1-x}{x(e^x-1)}=\lim_{x\to 0}\frac{e^x-1}{e^x-1+xe^x}$$
$$=\lim_{x\to 0}\frac{e^x}{2e^x+xe^x}=\frac{1}{2}.$$

技能训练 3.2

1. 试判断下列极限计算的正确与否，并说明原因：

(1)$\lim\limits_{x\to 0}\frac{x^2}{\cos x}=\lim\limits_{x\to 0}\frac{2x}{-\sin x}=-2\lim\limits_{x\to 0}\frac{x}{\sin x}=-2$；

(2)$\lim\limits_{x\to 0}\frac{\sin x}{\cos x-1}=\lim\limits_{x\to 0}\frac{\cos x}{-\sin x}=\lim\limits_{x\to 0}\frac{-\sin x}{-\cos x}=0$.

2. 利用洛必达法则求极限：

(1)$\lim\limits_{x\to 2}\frac{x^4-16}{x-2}$；　　(2)$\lim\limits_{x\to 0}\frac{\sin 5x}{3x-2x^2}$；

(3)$\lim\limits_{x\to 0}\frac{3^x-1}{x}$；　　(4)$\lim\limits_{x\to 0}\frac{\ln(1+x)}{x+\sin x}$；

(5)$\lim\limits_{x\to +\infty}\frac{e^x-e}{x^2-1}$；　　(6)$\lim\limits_{x\to +\infty}\frac{\ln x}{x-1}$；

(7)$\lim\limits_{x\to 1}\left(\frac{x}{x-1}-\frac{1}{\ln x}\right)$；　　(8)$\lim\limits_{x\to +\infty}x(e^{\frac{1}{x}}-1)$.

§3.3 函数的单调性与函数的极值

一、函数单调性的判定

若 $f(x)$是$[a, b]$上的单调递增函数，且 $f(x)$在(a, b)内可导，则当 $\Delta x>0$ 时，$\Delta y=f(x+\Delta x)-f(x)\geqslant 0$，$(x, x+\Delta x\in(a, b))$从而导数

$$f'(x)=\lim_{\Delta x\to 0}\frac{\Delta y}{\Delta x}\geqslant 0.$$

同样，对于单调递减函数 $f(x)$，有

$$f'(x)\leqslant 0.$$

那么，由 $f'(x)\geqslant 0$(或 $f'(x)\leqslant 0$)能否得到单调递增(或单调递减)的结论呢？

定理 3.5 设函数 $f(x)$在闭区间$[a, b]$上连续，在开区间(a, b)内可导.

(1)如果在(a, b)内，恒有 $f'(x)\geqslant 0$，那么函数 $f(x)$在闭区间$[a, b]$上单调递增；如果在(a, b)内恒有 $f'(x)>0$，那么函数 $f(x)$在闭区间$[a, b]$上严格单调递增.

(2)如果在(a, b)内，恒有$f'(x)\leqslant 0$，那么函数$f(x)$在闭区间$[a, b]$上单调递减；如果在(a, b)内恒有$f'(x)<0$，那么函数$f(x)$在闭区间$[a, b]$上严格单调递减.

证明 (1)任取$x, x_2\in[a, b]$，且$x_1<x_2$，由拉格朗日中值定理

$$f(x_2)-f(x_1)=f'(\xi)(x_2-x_1)\geqslant 0,$$

所以$f(x_1)\leqslant f(x_2)$. 所以函数$f(x)$在闭区间$[a, b]$上单调增加.

当$f'(x)>0$恒成立时，$f(x_2)-f(x_1)=f'(\xi)(x_2-x_1)>0$，即函数$f(x)$在闭区间$[a, b]$上严格单调递增.

同理可证(2).

注意：

在严格单调函数的具体判定中，可把定理3.5的前提条件"在开区间(a, b)内可导"放宽为"在开区间(a, b)内除有限个点外处处可导"，其他条件不变，那么定理的结论仍成立. 当然连续是不可少的前提条件.

例如，设函数$f(x)=\begin{cases}x, & x\geqslant 0,\\ x^3, & x<0.\end{cases}$不难验证$f'(0)$不存在，除$x=0$外$f'(x)>0$，所以$f(x)$在$(-\infty, +\infty)$上严格单调递增.

【例1】 讨论函数$f(x)=\arctan x-x$的单调性.

解 函数$f(x)$的定义域为$(-\infty, +\infty)$.

$f'(x)=\dfrac{1}{1+x^2}-1=\dfrac{-x^2}{1+x^2}\leqslant 0$，$x\in(-\infty, +\infty)$，式中等号仅在$x=0$处成立，故$f(x)$在$(-\infty, +\infty)$内严格单调递减.

【例2】 讨论函数$f(x)=2x^3-6x^2-18x+7$的单调性.

解 函数$f(x)$的定义域为$(-\infty, +\infty)$.

$$f'(x)=6x^2-12x-18=6(x-3)(x+1).$$

当$x\in(-\infty, -1)$时，有$f'(x)>0$，所以函数$f(x)$在$(-\infty, -1)$内严格单调递增；

当$x\in(-1, 3)$时，有$f'(x)<0$，所以函数$f(x)$在$(-1, 3)$内严格单调递减；

当$x\in(3, +\infty)$时，有$f'(x)>0$，所以函数$f(x)$在$(3, +\infty)$内严格单调递增.

二、函数的极值

定义3.1 设函数$f(x)$在x_0及其某个邻域$U(x_0, \delta)$内有定义，并且$\forall x\in U(x_0, \delta)$有$f(x)\leqslant f(x_0)$(或$f(x)\geqslant f(x_0)$)，则称$f(x_0)$为函数$f(x)$在$x_0$的邻域内的一个**极大(小)值**，$x_0$称为$f(x)$的一个**极大值点(或极小值点)**.

$f(x)$的极大值与极小值统称为$f(x)$的**极值**，极大值点与极小值点统称为函数$f(x)$的**极值点**.

注意：

(1)函数的极值是局部概念，它不具有整体性. 也就是说，极小值与极大值之间没有必然的关系.

例如，函数 $f(x)=\begin{cases}1+(x-1)^2, & x>0,\\ -1-(x+1)^2, & x<0.\end{cases}$

如图 3-3.

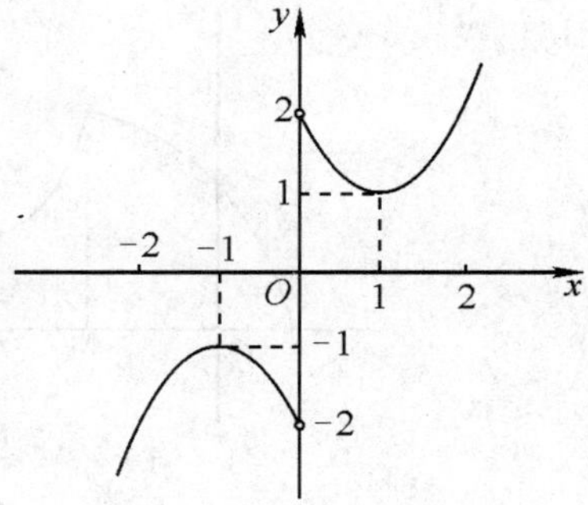

图 3-3

不难看出，$x=1$ 是 $f(x)$ 的极小值点，$x=-1$ 是 $f(x)$ 的极大值点，而极小值 $f(1)=1$ 大于极大值 $f(-1)=-1$.

(2)函数在定义域内可能有多个极大值点和极小值点.

定理 3.6(极值点的必要条件)　如果函数 $f(x)$ 在 x_0 处存在导数，并且在 x_0 处取得极值，那么 $f'(x_0)=0$.

上述定理其实就是费马定理.

定义 3.2　若 $f'(x_0)=0$，则称 x_0 为函数 $f(x)$ 的**驻点**，也称为**稳定点**.

由定理 3.6 可知，可导函数 $f(x)$ 的极值点必是 $f(x)$ 的驻点.

思考下面两个问题：

(1) $f(x)$ 的驻点是不是 $f(x)$ 的极值点？

例如，设 $f(x)=x^3$，则 $f'(x)=3x^2$，从而 $f'(0)=0$，即 $x=0$ 是 $f(x)$ 的驻点，但 $x=0$ 不是函数 $f(x)$ 的极值点.

因此，函数的驻点不一定是极值点.

(2)函数 $f(x)$ 在极值点是否一定可导？

例如，$y=|x|$ 在 $x=0$ 处不存在导数，但是 $x=0$ 是函数的极小值点.

因此，函数在极值点不一定可导. 也就是说，对于一个连续函数，它有可能在导数不存在的点取得极值.

综上所述，连续函数 $f(x)$ 在 x 处取极值的必要条件是：x 是驻点或者是导数 $f'(x)$ 不存在的点.

因此，连续函数的驻点以及导数不存在的点是函数所有可能的极值点.

对于连续函数所有可能的极值点，如何确定哪些点是极值点？哪些点是极大值点？哪些点是极小值点？我们给出如下判定定理.

定理 3.7(极值点第一判别法)　设函数 $f(x)$ 在 x_0 处连续，并且在 x_0 的某个去心邻域 $U^\circ(x_0, \delta)$ 内可导.

(1)如果在 $U^\circ(x_0, \delta)$ 内，当 $x<x_0$ 时，有 $f'(x)>0$；当 $x>x_0$ 时，有 $f'(x)<0$，那么 $f(x)$ 在 x_0 取得极大值，$f(x_0)$ 是 $f(x)$ 的极大值.

(2)如果在 $U^\circ(x_0, \delta)$ 内，当 $x<x_0$ 时，有 $f'(x)<0$；当 $x>x_0$ 时，有 $f'(x)>0$，那么 $f(x)$ 在 x_0 取得极小值，$f(x_0)$ 是 $f(x)$ 的极小值.

(3)如果 $f'(x)$ 在 x_0 的左右两侧同号，那么 x_0 不是 $f(x)$ 的极值点.

事实上，$f'(x)$ 在 x_0 两侧异号，说明 x_0 是函数 $f(x)$ 由单调递增(或单调递减)转向单调递减(或单调递增)的过渡点，又 $f(x)$ 在 x_0 连续，自然在局部范围内 $f(x_0)$ 是峰顶值(或谷底值)了. (如图 3-4(1)(2))

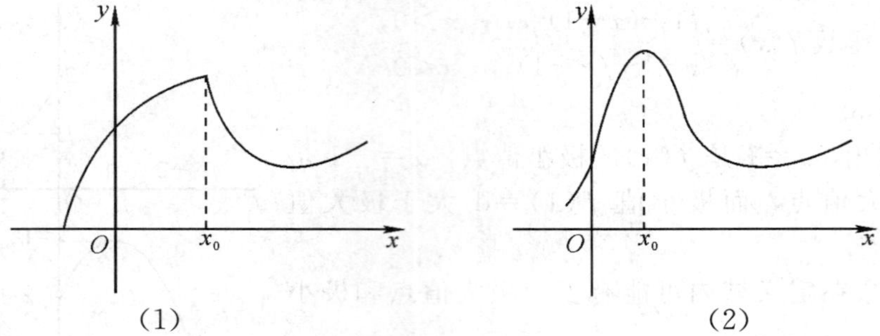

图 3-4

而 $f'(x)$在 x_0 两侧不变号，表示函数在单调变化过程中，只不过是在 x_0 处“歇口气”.

定理 3.8(极值点第二判别法)　设 $f(x)$在 x_0 处二阶可导，并且 x_0 是$f(x)$的驻点(即 $f'(x_0)=0$)，$f''(x_0)\neq 0$. 如果 $f''(x_0)>0$(或 $f''(x_0)<0$)，则 $f(x_0)$为 $f(x)$的极小值(或极大值).

讨论函数的单调性、求函数极值的一般步骤：

(1)确定函数的定义域.

(2)求函数的一阶导数，并进一步求出函数所有的驻点以及一阶导数不存在的点.

(3)列表. 用上述求出的所有可能的极值点将函数定义域分割成若干个小区间. 如果问题只要求求极值，可以不列表，继续采用求二阶导数，利用极值点第二判别法作出判断.

(4)讨论函数的一阶导数在各个小区间的正负号，进而确定函数在各个小区间的单调性；确定函数在可能的极值点上的极值性.

【例 3】　求函数 $y=f(x)=2x^3-6x^2-18x+7$ 的极值.

解　解法 1　函数的定义域是$(-\infty,\ +\infty)$. 由本节例 2 的结论可列表，如表 3-1.

表 3-1

	$(-\infty,\ -1)$	-1	$(-1,\ 3)$	3	$(3,\ +\infty)$
y'	+	0	−	0	+
y	↗	极大值 17	↘	极小值−47	↗

再由定理 3.7 可知，$f(-1)=17$ 为极大值，$f(3)=-47$ 为极小值. 并且函数在区间$(-\infty,\ -1)$和$(3,\ +\infty)$内严格单调递增；在$(-1,\ 3)$内严格单调递减.

解法 2　因为 $f'(x)=6x^2-12x-18=6(x-3)(x+1)$，所以函数的驻点有 $x=-1$ 和 $x=3$.

又因为 $f''(x)=12x-12=12(x-1)$，所以 $f''(-1)=-24<0$，$f''(3)=24>0$.

由定理 3.8 可知 $f(-1)=17$ 为极大值，$f(3)=-47$ 为极小值.

【例 4】　求函数 $y=3-2(x+1)^{\frac{1}{3}}$的极值，并讨论它的单调区间.

解　函数的定义域是$(-\infty,\ +\infty)$.

因为 $y'=-\frac{2}{3}\cdot\frac{1}{(x+1)^{\frac{2}{3}}}$，所以 $x=-1$ 是函数的不可导点，因此，$x=-1$ 是唯一可能的极值点.

当 $x\in(-\infty,\ -1)$ 时，有 $y'<0$，所以函数在 $(-\infty,\ -1)$ 内单调递减；当 $x\in(-1,\ +\infty)$ 时，有 $y'<0$，所以函数在 $(-1,\ +\infty)$ 内仍然单调递减，列表.（如表3-2）

表 3-2

x	$(-\infty,\ -1)$	-1	$(-1,\ +\infty)$
y'	$-$	不存在	$-$
y	↘	非极值	↘

故 $x=-1$ 不是极值点，y 在 $(-\infty,\ +\infty)$ 内无极值. 并且它是一个严格单调递减函数.

说明：在具体的应用中，可以列表，也可以不列表. 由例 3、例 4 可见，列表的好处就在于，表格能起到一目了然的效果，一看表就能大致地知道函数的基本性态了. 缺点在于必须讨论可能极值点两侧一阶导数的符号，比较麻烦.

极值点第二判别法便捷，只要求出函数的驻点，再求出函数在驻点处的二阶导数的值，就可解决问题了. 但是它对于一阶导数不存在的点，就不能用了. 究竟采用哪种方法更好，要结合具体问题具体分析.

三、函数的最值

回顾一下，什么是函数的最大值和最小值？

设 $f(x)$ 在区间 I 上有定义，$x_0\in I$，如果 $\forall x\in I$ 有 $f(x_0)\geqslant f(x)$，那么，$f(x_0)$ 称为 $f(x)$ 在区间 I 上的最大值；如果 $\forall x\in I$ 有 $f(x_0)\leqslant f(x)$，那么，$f(x_0)$ 称为 $f(x)$ 在区间 I 上的最小值. 最大值与最小值统称为函数的最值.

由此可见，函数的最值是一个整体概念，是对函数的整个定义域而言的.

函数的最大值与最小值问题，一般分两种情形来讨论，一是函数本身没有实际意义；二是函数具有实际意义.

1. 闭区间 $[a,\ b]$ 上连续函数 $y=f(x)$ 的最值问题

我们知道，连续函数 $f(x)$ 在闭区间 $[a,\ b]$ 上一定存在最大值与最小值，并且最大值点和最小值点可能是在开区间 $(a,\ b)$ 内，可能是在区间的端点上. 如果最值点在区间 $(a,\ b)$ 内，那么这个点必定是极值点. 因此，我们只要求出函数 $f(x)$ 在 $(a,\ b)$ 内一切可能的极值点，并求出一切可能的极值，再和端点的函数值比较，最大者就是函数的最大值，最小者就是函数的最小值.

【例 5】 求 $f(x)=(x-1)\sqrt[3]{x^2}$ 在 $\left[-1,\ \frac{1}{2}\right]$ 上的最大值和最小值.

解 $f'(x)=x^{\frac{2}{3}}+\frac{2}{3}(x-1)x^{-\frac{1}{3}}=\frac{5x-2}{3x^{\frac{1}{3}}}$.

令 $f'(x)=0$，解得 $x=\frac{2}{5}$；而 $x=0$ 使得 $f'(x)$不存在，所以 $f'(x)$可能的极值点有 $x=\frac{2}{5}$ 和 $x=0$.

$$f(0)=0,\ f\left(\frac{2}{5}\right)=-\frac{3\sqrt[3]{20}}{25},\ f(-1)=-2,\ f\left(\frac{1}{2}\right)=-\frac{\sqrt[3]{2}}{4}.$$

比较上述值的大小，可知函数 $f(x)$在 $x=0$ 取最大值，$f_{最大值}(0)=0$，$f(x)$在 $x=-1$ 取最小值，$f_{最小值}(-1)=-2$.

【例 6】 求 $f(x)=x^3-3x$ 在$[-\sqrt{3},\sqrt{3}]$上的最大值和最小值.

解 $f'(x)=3x^2-3$.

令 $f'(x)=0$，解得 $x=1$，$x=-1$.

因此 $f(x)$在$[-\sqrt{3},\sqrt{3}]$上有 $x=1$ 和 $x=-1$ 两个驻点，没有不可导的点.

所以 $f(x)$在$[-\sqrt{3},\sqrt{3}]$上可能的极值点只有 $x=1$ 和 $x=-1$.

$$f(-1)=2,\ f(1)=-2,\ f(-\sqrt{3})=f(\sqrt{3})=0.$$

比较上述值的大小，可知函数 $f(x)$在 $x=1$ 取最小值，$f_{最小值}(1)=-2$；函数 $f(x)$在 $x=-1$ 取最大值，$f_{最大值}(-1)=2$.

2. 实际问题中函数的最值

如果函数具有实际意义，那么函数的最值应当根据具体的实际意义来确定. 一般情况下，可根据驻点(可能的极值点)的唯一性，以及最值存在的理论保证，就可以断定这个唯一的驻点(可能的极值点)就是我们要求的最值点.

【例 7】 某车间靠墙壁要盖一间长方形小屋，现有存砖只够砌 20 m 长的墙，问应围成怎样的长方形才能使这小屋的面积最大.

解 如图 3-5，设小屋长为 x m，宽为 y m，面积为 S m² 则 $S=xy$.

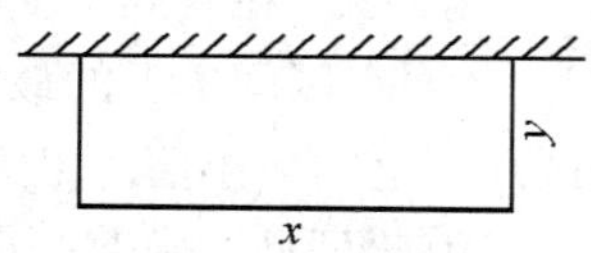

图 3-5

由已知得 $x=20-2y$，于是

$$S=(20-2y)\cdot y=2(10y-y^2),\ y\in(0,10).$$

所以 $$S'=20-4y=-4(y-5).$$

令 $S'=0$，得 $y=5$.

由此可知 $y=5$ 为 S 在$(0,10)$内唯一的驻点，也是唯一可能的极值点. 又因为 S 一定存在最大值，所以 $y=5$ 为最大值点.

当 $y=5$ 时，$x=20-2\times5=10$.

即长为 10 m，宽为 5 m 时，这间小屋的面积最大.

技能训练 3.3

1. 求下列函数的单调性区间：

(1) $f(x)=2x^3+3x^2-12x-7$；

(2) $f(x)=\frac{1}{2}x^2-\frac{1}{3}x^3$；

(3) $f(x)=x^3+x$；

(4) $f(x)=x-2\sqrt{x}$.

2. 求下列函数的极值：

(1) $f(x)=4x^3-x^4$；

(2) $f(x)=\frac{\ln x}{x}$；

(3) $f(x)=x^2\mathrm{e}^{-x}$；

(4) $f(x)=x^2-8\ln x$；

(5) $f(x)=(2x-5)\sqrt[3]{x^2}$；

(6) $f(x)=\sqrt[3]{(2x-x^2)^2}$.

3. 求下列函数在所给区间上的最大值和最小值：

(1) $f(x)=x^4-2x^2+5$，　　$x\in[-2,2]$；

(2) $f(x)=\ln(x^2+1)$，　　$x\in[-1,2]$；

(3) $f(x)=x+\sqrt{x}$，　　$x\in[0,4]$.

§3.4　函数的作图

通过上一节的学习，我们有较好的方法判定函数的单调性、极值和最值．作为对函数几何性态的讨论，仅仅知道函数的单调性、极值、最值、周期性、有界性、奇偶性是不够的．例如，同样是单调递增函数，它们可以以不同方式递增(如图 3-6)．为了更加准确地描述函数图像的几何特性，本节将给出曲线凹凸性的概念及判别方法，曲线的渐近线，进而介绍函数的基本作图方法.

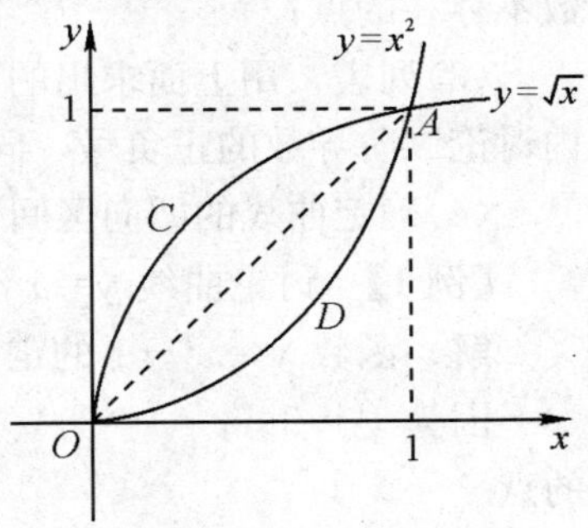

图 3-6

一、曲线的凹凸性及拐点

如图 3-6，函数 $y=x^2$ 与 $y=\sqrt{x}$ 在 $(0,+\infty)$ 内都是单调递增的，但递增的方式却不一样.

在 $(0,1)$ 内，曲线弧 $\overset{\frown}{OCA}$ 位于 OA 的上方；曲线弧 $\overset{\frown}{ODA}$ 位于 OA 的下方.

定义 3.3　设函数 $f(x)$ 在区间 I 上连续，$\forall x_1, x_2\in I$，$(x_1\neq x_2)$

(1)若恒有 $f\left(\frac{x_1+x_2}{2}\right)<\frac{f(x_1)+f(x_2)}{2}$，则称 $f(x)$ 的图形是**上凹**的(简称为**凹**)；(如图 3-7(1))

(2)若恒有 $f\left(\frac{x_1+x_2}{2}\right)>\frac{f(x_1)+f(x_2)}{2}$，则称 $f(x)$ 的图形是**下凹**的(简称为**凸**).

(如图 3-7(2))

连续曲线上凹与下凹的分界点称为该曲线的**拐点**.

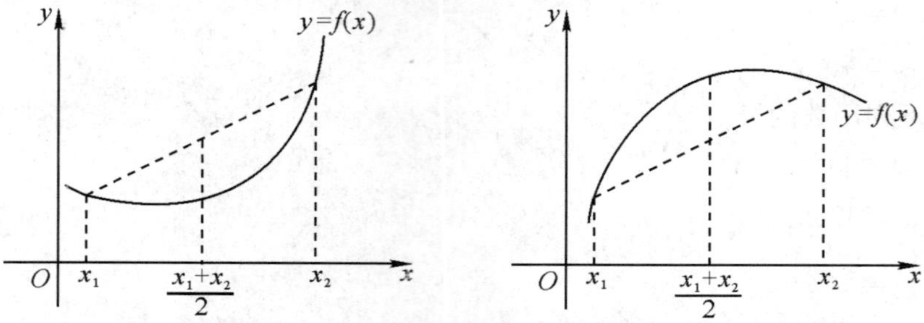

凹：图形上任意弧段位于所张弦的下方　　凸：图形上任意弧段位于所张弦的上方

(1)　　(2)

图 3-7

定理 3.9　设函数 $y=f(x)$在开区间$(a,\ b)$内具有二阶导数.

(1)如果$\forall x\in(a,\ b)$有 $f''(x)>0$，那么 $y=f(x)$在$(a,\ b)$内是上凹的；

(2)如果$\forall x\in(a,\ b)$有 $f''(x)<0$，那么 $y=f(x)$在$(a,\ b)$内是下凹的.

由定理 3.9 不难得出曲线凹向的另一判别法.

定理 3.10　设函数 $y=f(x)$在$(a,\ b)$内可导，则曲线 $y=f(x)$在开区间$(a,\ b)$内上凹(或下凹)当且仅当 $f'(x)$在$(a,\ b)$内严格单调递增(或严格单调递减).

讨论曲线 $y=f(x)$凹向的基本步骤：

(1)确定函数 $y=f(x)$的定义域；

(2)求出函数的二阶导数 $f''(x)$，并进一步求出所有使二阶导数为 0 的点和二阶导数不存在的点；

(3)列表，用上面求出的点将函数定义域分割成若干小区间，然后再在每个小区间内讨论二阶导数的正负号，同时在表格相应栏内用符号予以标明；

(4)确定曲线的凹向区间，并在表格相应栏内用符号予以标明.

【例 1】　讨论曲线 $y=x^3-1$ 的凹向.

解　函数 $y=x^3-1$ 的定义域是$(-\infty,\ +\infty)$.

因为 $y'=3x^2$，$y''=6x$，所以二阶导数为 0 的点只有 $x=0$，没有使二阶导数不存在的点.

列表.(如表 3-3)

表 3-3

	$(-\infty,\ 0)$	0	$(0,\ +\infty)$
y''	$-$	0	$+$
y	⌒(下凹)	-1	⌣(上凹)

所以曲线 $y=x^3-1$ 在$(-\infty,\ 0)$内是下凹的；在$(0,\ +\infty)$内是上凹的.

由于曲线 $y=x^3-1$ 在 $x=0$ 处连续，故$(0,\ -1)$是曲线 $y=x^3-1$ 的拐点.

【例 2】 讨论曲线 $y=x^2\ln x$ 的凹向并求其拐点.

解 函数 $y=x^2\ln x$ 的定义域为$(0, +\infty)$.

$$y'=2x\ln x+x^2\cdot\frac{1}{x}=2x\ln x+x=x(2\ln x+1),$$

$$y''=2\ln x+1+x\cdot\frac{2}{x}=2\ln x+3.$$

令 $y''=0$，得 $x=e^{-\frac{3}{2}}$.

在定义域内只有一个使二阶导数为 0 的点 $x=e^{-\frac{3}{2}}$，没有使二阶导数不存在的点.

列表.（如表 3-4）

表 3-4

	$(0, e^{-\frac{3}{2}})$	$e^{-\frac{3}{2}}$	$(e^{-\frac{3}{2}}, +\infty)$
y''	$-$	0	$+$
y	⌒(下凹)	$-\frac{3}{2}e^{-3}$	◡(上凹)

所以曲线 $y=x^2\ln x$ 在$(0, e^{-\frac{3}{2}})$内是下凹的；在$(e^{-\frac{3}{2}}, +\infty)$内是上凹的.

因为曲线 $y=x^2\ln x$ 在 $x=e^{-\frac{3}{2}}$ 处连续，所以$\left(e^{-\frac{3}{2}}, -\frac{3}{2}e^{-3}\right)$是 $y=x^2\ln x$ 的拐点.

通过上例不难发现，当$(x_0, f(x_0))$是曲线 $y=f(x)$ 的拐点的时候，有 $f''(x_0)=0$（如例 1 中 $y''\Big|_{x=0}=0$）. 但是，当 $f''(x_0)=0$ 时，点$(x_0, f(x_0))$不一定是曲线 $y=f(x)$ 的拐点.

例如，函数 $y=x^4$ 的定义域为$(-\infty, +\infty)$，在其定义域内有 $y''\Big|_{x=0}=0$. 因为在 $x=0$ 的两侧 $y''>0$，所以点$(0, 0)$不是曲线 $y=x^4$ 的拐点.

另外，若曲线 $y=f(x)$ 在 x_0 连续，则当 $f''(x_0)$不存在的时候，点$(x_0, f(x_0))$也有可能是曲线 $y=f(x)$ 的拐点.

例如，函数 $y=\sqrt[3]{x}$ 的定义域为$(-\infty, +\infty)$.

由于 $y''=-\frac{2}{9}x^{-\frac{5}{3}}$，于是 $x=0$ 是使 $f''(x)$不存在的点.

在$(-\infty, 0)$内，$y''>0$，即曲线 $y=\sqrt[3]{x}$ 在$(-\infty, 0)$内是上凹的；在$(0, +\infty)$内，$y''<0$，即曲线 $y=\sqrt[3]{x}$ 在$(0, +\infty)$内是下凹的.

又函数 $y=\sqrt[3]{x}$ 在 $x=0$ 处连续，所以点$(0, 0)$是 $y=\sqrt[3]{x}$ 的拐点.

因此，若曲线 $y=f(x)$ 在 x_0 连续，则点$(x_0, f(x_0))$是曲线 $y=f(x)$ 的拐点的必要条件是 $f''(x_0)=0$，或者 $f''(x_0)$不存在.

二、曲线的渐近线

定义 3.4 若曲线 C 上的动点 P 沿着曲线无限远离原点时，动点 P 到定直线 l 的距离趋于 0，则称定直线 l 为曲线 C 的**渐近线**.

当 l 是 $x=a$ 时，称 l 为曲线 C 的**垂直渐近线**；

当 l 是 $y=b$ 时，称 l 为曲线 C 的**水平渐近线**；

当 l 是 $y=ax+b(a\neq 0)$ 时，称 l 为曲线 C 的**斜渐近线**.

由渐近线的定义不难得出以下结论：

(1)若 $\lim\limits_{x\to a^-} f(x)=\infty$ 或 $\lim\limits_{x\to a^+} f(x)=\infty$，则直线 $x=a$ 是曲线 $y=f(x)$ 的垂直渐近线；

(2)若 $\lim\limits_{x\to +\infty} f(x)=b$ 或 $\lim\limits_{x\to -\infty} f(x)=b$，则直线 $y=b$ 是曲线 $y=f(x)$ 的水平渐近线.

什么情况下存在斜渐近线呢？先看一个例子.

若 $\lim\limits_{x\to\infty}(f(x)-(ax+b))=0$，求 a，b 的值.

因为 $\lim\limits_{x\to\infty}(f(x)-(ax+b))=0$，所以 $\lim\limits_{x\to\infty}\dfrac{f(x)-(ax+b)}{x}=0$.

即 $\lim\limits_{x\to\infty}\dfrac{f(x)-(ax+b)}{x}=\lim\limits_{x\to\infty}\left(\dfrac{f(x)}{x}-a-\dfrac{b}{x}\right)=0$.

所以 $a=\lim\limits_{x\to\infty}\dfrac{f(x)}{x}$，$b=\lim\limits_{x\to\infty}(f(x)-ax)$.

注意到若直线 $y=ax+b$ 是曲线 $y=f(x)$ 的渐近线(图 3-8 中的 $PE\to 0$)当且仅当

$$\lim_{x\to\infty}(f(x)-(ax+b))=0.$$

(即图 3-8 中的 $PN\to 0$)

于是，$a=\lim\limits_{x\to\infty}\dfrac{f(x)}{x}$ 存在，并且 $b=\lim\limits_{x\to\infty}(f(x)-ax)$ 也存在时，直线 $y=ax+b$ 就是曲线 $y=f(x)$ 的斜渐近线.

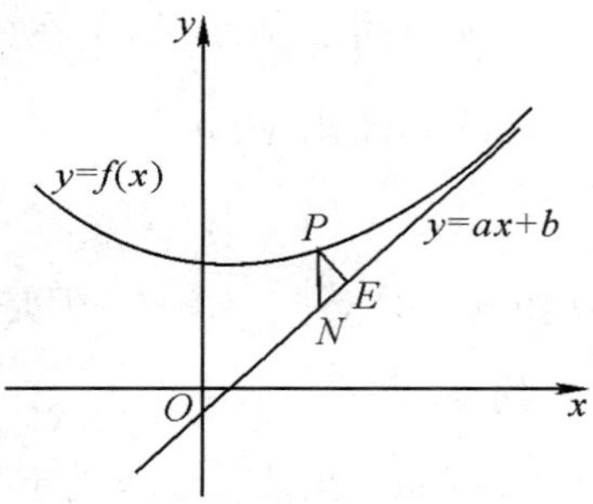

图 3-8

【例 3】 求曲线 $y=\dfrac{x}{x^2-1}$ 的渐近线.

解 因为 $\lim\limits_{x\to\infty}\dfrac{x}{x^2-1}=0$，$\lim\limits_{x\to 1}\dfrac{x}{x^2-1}=\infty$，$\lim\limits_{x\to -1}\dfrac{x}{x^2-1}=\infty$.

所以 $y=0$ 是曲线的水平渐近线，$x=\pm 1$ 是曲线的两条垂直渐近线.

【例 4】 求曲线 $y=\dfrac{1+x^3}{1+x^2}$ 的渐近线.

解 因为 $\lim\limits_{x\to\infty}\dfrac{\frac{1+x^3}{1+x^2}}{x}=\lim\limits_{x\to\infty}\dfrac{1+x^3}{x(1+x^2)}=1$，

$$\lim_{x\to\infty}\left(\frac{1+x^3}{1+x^2}-x\right)=\lim_{x\to\infty}\frac{1+x^3-x(1+x^2)}{1+x^2}=\lim_{x\to\infty}\frac{1-x}{1+x^2}=0,$$

所以 $y=x$ 是曲线 $y=\dfrac{1+x^3}{1+x^2}$ 的斜渐近线.

三、函数的作图

通过前面的学习，我们现在可以比较准确地作出函数的草图，其基本步骤如下：

(1)确定函数的定义域，考察函数的有界性、奇偶性、周期性；

(2)求函数的一阶导数、二阶导数，在定义域内求出函数所有可能的极值点，二阶导数为 0 或不存在的点，这些点用列表的形式划分函数定义域；

(3)确定函数的单调区间、极值点、凹凸区间及拐点，并在表格上用特殊符号标出；

(4)考察函数的渐近线，确定函数与坐标轴的交点坐标；

(5)描出上述求出的特殊点，最后作出草图.

【例 5】 作函数 $y=x+\frac{1}{x}$ 的图像.

解 函数 $y=x+\frac{1}{x}$ 的定义域为 $(-\infty, 0)\cup(0, +\infty)$.

函数无周期性，曲线关于原点对称.

$$y'=1-\frac{1}{x^2},\ y''=\frac{2}{x^3}.$$

令 $y'=0$，得 $x=\pm1$；y'' 无零点.

列表. (如表 3-5)

表 3-5

x	$(-\infty, -1)$	-1	$(-1, 0)$	$(0, 1)$	1	$(1, +\infty)$
y'	+	0	−	−	0	+
y''	−		−	+		+
y	↗⌒	极大值 −2	↘⌒	↘⌣	极小值 2	↗⌣

又 $a=\lim\limits_{x\to\infty}\frac{f(x)}{x}=\lim\limits_{x\to\infty}\frac{x+\frac{1}{x}}{x}=1$；

$b=\lim\limits_{x\to\infty}[f(x)-ax]=\lim\limits_{x\to\infty}\left[x+\frac{1}{x}-x\right]=0$；

$\lim\limits_{x\to0}f(x)=\lim\limits_{x\to0}\left(x+\frac{1}{x}\right)=\infty$.

所以 $y=x$ 是曲线 $y=x+\frac{1}{x}$ 的斜渐近线；$x=0$ 是曲线 $y=x+\frac{1}{x}$ 的垂直渐近线.

曲线无拐点.

作图. (如图 3-9)

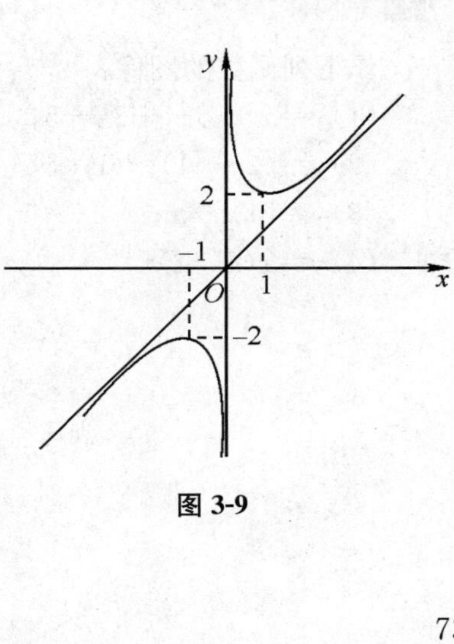

图 3-9

【例 6】 作函数 $y=2+\dfrac{x}{(1+x)^2}$ 的图像.

解 $y=2+\dfrac{x}{(1+x)^2}$ 的定义域为 $(-\infty,\ -1)\cup(-1,\ +\infty)$.

函数是非奇非偶函数，无周期性.

$$y'=\frac{(1+x)^2-2x(1+x)}{(1+x)^4}=\frac{1-x}{(1+x)^3}.$$

令 $y'=0$，得 $x=1$.

$$y''=\frac{-(1+x)^3-3(1-x)(1+x)^2}{(1+x)^6}=\frac{-4+2x}{(1+x)^4}.$$

令 $y''=0$，得 $x=2$.

列表.（如表 3-6）

表 3-6

	$(-\infty,\ -1)$	$(-1,\ 1)$	1	$(1,\ 2)$	2	$(2,\ +\infty)$
y'	$-$	$+$	0	$-$		$-$
y''	$-$	$-$		$-$	0	$+$
y	↘⌒	↗⌒	极大值 $\frac{9}{4}$	↘⌒	拐点 $\left(2,\ \frac{20}{9}\right)$	↘◡

因为 $\lim\limits_{x\to-1}\left(2+\dfrac{x}{(1+x)^2}\right)=-\infty$,

$\lim\limits_{x\to\infty}\left(2+\dfrac{x}{(1+x)^2}\right)=2$,

所以曲线有垂直渐近线 $x=-1$，水平渐近线 $y=2$.

曲线过 $(0,\ 2)$、$\left(-\dfrac{1}{2},\ 0\right)$ 和 $(-2,\ 0)$.

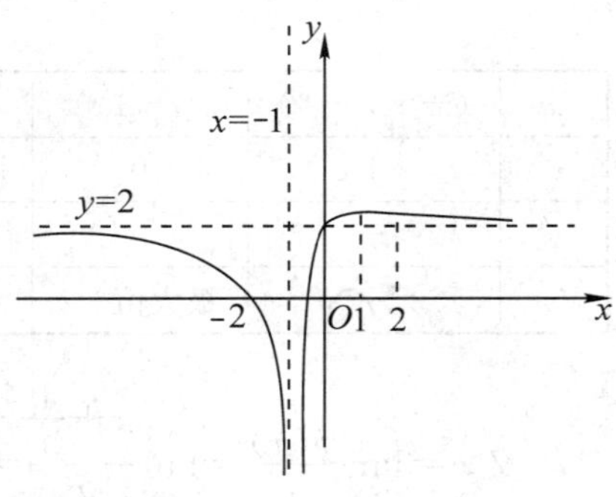

图 3-10

技能训练 3.4

作下列函数的图像：

(1) $y=x^3-5x^2+3x-5$;

(2) $y=(2x-1)^4+1$;

(3) $y=\ln x+x$;

(4) $y=x(x-2)^3$.

§3.5 导数在经济分析中的应用

本节将讨论导数的概念在经济分析中的应用，主要包括：边际分析；弹性分析；需求价格分析和最优值等.

一、边际与边际分析

在经济学中，常常用到平均变化率与边际这两个概念. 在数量关系上，平均变化率指的是函数值的改变量与自变量的改变量的比值，用函数形式来表示就是$\frac{\Delta y}{\Delta x}$，而边际则是自变量的改变量 Δx 趋于 0 时$\frac{\Delta y}{\Delta x}$的极限. 可以说，导数应用在经济学上就是边际.

1. 边际成本

设某产品生产 q 个单位时的总成本函数为$C=C(q)$，当产量达到 q 个单位时，任给产量一个增量 Δq，相应的总成本将增加 $\Delta C=C(q+\Delta q)-C(q)$，于是再生产 Δq 个单位时的平均总成本为

$$\bar{C}=\frac{\Delta C}{\Delta q}=\frac{C(q+\Delta q)-C(q)}{\Delta q}.$$

如果总成本函数 $C=C(q)$在 q 可导，那么，

$$C'(q)=\lim_{\Delta q\to 0}\frac{C(q+\Delta q)-C(q)}{\Delta q}$$

称为产量为 q 个单位时的**边际成本**，一般记为 $C_{\mathrm{M}}(q)=C'(q)$.

边际成本的经济意义是：当产量达到 q 个单位时，再增加 1 个单位的产量，即 $\Delta q=1$ 时，总成本将增加 $C'(q)$个单位(近似值).

【例 1】 设某企业生产某产品的日产量为 800 台，日产量为 q 台时的总成本函数为(单位：元)

$$C(q)=0.1q^2+2q+5\ 000.$$

求：(1)产量为 600 台时的总成本；

(2)产量为 600 台时的平均总成本；

(3)产量由 600 台增加到 700 台时总成本的平均变化率；

(4)产量为 600 台时的边际成本，并解释其经济意义.

解 (1)$C(600)=0.1\times 600^2+2\times 600+5\ 000=42\ 200.$

(2)$\bar{C}(600)=\frac{C(600)}{600}=\frac{211}{3}.$

(3)$\frac{\Delta C}{\Delta q}=\frac{C(700)-C(600)}{100}=132.$

(4)$C_{\mathrm{M}}(600)=0.2\times 600+2=122.$

这说明，当产量达到 600 台时，再增加 1 台的产量，总成本大约增加 122 元.

2. 边际收入

设某商品销售量为 q 个单位时的总收入函数为 $R=R(q)$，当销量达到 q 个单位时，再给销量一个增量 Δq，其相应的总收入将增加 $\Delta R=R(q+\Delta q)-R(q)$，于是再销售 Δq 个单位时的平均收入为

$$\overline{R}=\frac{\Delta R}{\Delta q}=\frac{R(q+\Delta q)-R(q)}{\Delta q}.$$

如果总收入函数 $R=R(q)$在 q 可导，那么，

$$R'(q)=\lim_{\Delta q\to 0}\frac{R(q+\Delta q)-R(q)}{\Delta q}$$

称为销售量为 q 个单位时的**边际收入**，一般记为 $R_M(q)=R'(q)$.

边际收入的经济意义是：销售量达到 q 个单位的时候，再增加 1 个单位的销量，即 $\Delta q=1$ 时，相应的总收入将增加 $R'(q)$个单位.

【例 2】 设某种电器的需求价格函数为 $q=120-4p$. 其中，p(元/件)为销售价格，q(件)为需求量. 求销售量为 60 件时的总收入、平均收入以及边际收入，销售量达到 70 件时，边际收入如何？作出相应的经济解释.

解 由已知总收入函数为

$$R=pq=q\left(30-\frac{1}{4}q\right).$$

于是，销售量为 60 件时的总收入为 $R(60)=60\times(30-15)=900$；

销售量为 60 件时的平均收入为 $\overline{R}=\frac{R(60)}{60}=15$；

销售量为 60 件时的边际收入为 $R_M(60)=R'(60)=30-\frac{1}{2}\times 60=0$.

这说明，当销售量达到 60 件时，再增加 1 件的销量，不增加总收入.

销售量为 70 件时的边际收入为 $R_M(70)=R'(70)=30-\frac{1}{2}\times 70=-5$.

这说明，当销售量达到 70 件时，再增加 1 件的销量，总收入会减少 5 元.

3. 边际利润

设某商品销售量为 q 个单位时的总利润函数为 $L=L(q)$，当销量达到 q 个单位时，再给销量一个增量 Δq，其相应的总利润将增加 $\Delta L=L(q+\Delta q)-L(q)$，于是再多销售 Δq 个单位时的平均利润为

$$\overline{L}=\frac{L(q+\Delta q)-L(q)}{\Delta q}.$$

如果总利润函数 $L=L(q)$在 q 可导，那么，

$$L'(q)=\lim_{\Delta q\to 0}\frac{L(q+\Delta q)-L(q)}{\Delta q}$$

称为销售量为 q 个单位时的**边际利润**，一般记为 $L_M(q)=L'(q)$.

边际利润的经济意义是：销售量达到 q 个单位的时候，再增加 1 个单位的销量，即

$\Delta q=1$ 时，相应的总利润增加 $L'(q)$ 个单位.

由于总利润、总收入和总成本有如下关系：

$$L(q)=R(q)-C(q),$$

因此，边际利润又可表示成：

$$L'(q)=R'(q)-C'(q).$$

【例 3】 设生产 q 件某产品的总成本函数为(单位：元)

$$C(q)=1\ 500+34q+0.3q^2.$$

如果该产品销售单价为 $p=280$ 元/件，求：

(1)该产品的总利润函数 $L(q)$；

(2)该产品的边际利润函数 $L_{\mathrm{M}}(q)$ 以及销量 $q=420$ 件时的边际利润，并对此结论作出经济意义的解释；

(3)销售量为何值时利润最大？

解 (1)由已知可得总收入函数为

$$R(q)=pq=280q,$$

因此总利润函数为

$$\begin{aligned}L(q)&=R(q)-C(q)=280q-1\ 500-34q-0.3q^2\\&=-1\ 500+246q-0.3q^2.\end{aligned}$$

(2)该产品的边际利润函数为

$$L_{\mathrm{M}}(q)=L'(q)=246-0.6q;$$

$$L_{\mathrm{M}}(420)=246-0.6\times 420=-6.$$

这说明，销售量达到 420 件时，多销售 1 件该产品，总利润会减少 6 元.

(3)令 $L'(q)=0$，解得 $q=410$，又 $L''(410)=-0.6<0$，所以当销售量 $q=410$ 件时，利润最大.

二、弹性与弹性分析

1. 弹性函数

在引入概念之前，我们先看一个例子.

有甲、乙两种商品，它们的销售单价分别为 $p_1=12$ 元，$p_2=1\ 200$ 元. 如果甲、乙两种商品的销售单价都上涨 10 元，从价格的绝对改变量来说，它们是完全一致的. 但是，甲商品的销售单价上涨是人们不可接受的，而对乙商品来说，人们会显得很平静. 究其原因，就是相对改变量的问题. 相比之下，甲商品的上涨幅度为 83.33%，而乙商品的上涨幅度只有 0.83%.

定义 3.5 设函数 $f(x)$ 在 x_0 处可导，那么函数值的相对改变量 $\dfrac{\Delta y}{y_0}=\dfrac{f(x_0+\Delta x)-f(x_0)}{f(x_0)}$ 与自变量的相对改变量 $\dfrac{\Delta x}{x_0}$ 的比值 $\dfrac{\frac{\Delta y}{y_0}}{\frac{\Delta x}{x_0}}$，称为函数 $y=f(x)$ 在以 x_0

与 $x_0+\Delta x$ 为端点的区间上的**弧弹性**，令 $\Delta x \to 0$，$\dfrac{\frac{\Delta y}{y_0}}{\frac{\Delta x}{x_0}}$ 的极限称为 $y=f(x)$ 在 x_0 的**点弹性**，一般就称为**弹性**，并记为 $\eta\Big|_{x=x_0}$，即

$$\eta\Big|_{x=x_0}=\lim_{\Delta x\to x_0}\frac{\Delta y}{\Delta x}\frac{x_0}{f(x_0)}=f'(x_0)\frac{x_0}{f(x_0)}.$$

$y=f(x)$ 在任一点 x 的弹性记为 $\eta=f'(x)\dfrac{x}{f(x)}$，并称其为**弹性函数**.

一般来说，$\dfrac{\Delta y}{y}\approx\eta\dfrac{\Delta x}{x}$，因此函数的弹性 η 反映了自变量相对改变量对相应函数值的相对改变量影响的灵敏程度.

2. 需求价格弹性

设某种商品的需求量为 q，销售价格为 p，若需求价格函数 $q=q(p)$ 可导，那么 $\eta_p=q'(p)\dfrac{p}{q(p)}$ 称为该商品的**需求价格弹性**.

一般情况下，价格高了，需求量反而会降低，因此 $q=q(p)$ 是减函数，$\eta_p<0$. 另外，$\dfrac{\Delta q}{q}\approx\eta_p\dfrac{\Delta p}{p}$，其经济解释为：在销售价格为 p 的基础上，价格上涨 1%，相应的需求量将下降 $|\eta_p|$%.

由于总收入 $R=pq$，所以边际收入为

$$R'(p)=q+pq'=q\left(1+\frac{p}{q}q'\right)=q(1+\eta_p).$$

当 $|\Delta p|$ 很小时，有

$$\Delta R\approx R'(p)\Delta p=q(1+\eta_p)\Delta p.$$

从而

$$\frac{\Delta R}{R}=\frac{\Delta R}{pq}=(1+\eta_p)\frac{\Delta p}{p}.$$

下面我们给出三类商品的经济分析.

(1)富有弹性商品

若 $|\eta_p|>1$，则称该商品为**富有弹性商品**.

对于富有弹性商品，适当降价会增加总收入. 如果价格下降 10%，总收入将相对增加 $10(|\eta_p|-1)$%.

富有弹性商品也称为价格的敏感商品，价格的微小变化，会造成需求量较大幅度地变化.

(2)单位弹性商品

若 $|\eta_p|=1$，则称该商品为**单位弹性商品**.

对于单位弹性商品，对价格做微小的调整，并不影响总收入.

(3)缺乏弹性商品

若 $|\eta_p|<1$，则称该商品为**缺乏弹性商品**.

对于缺乏弹性商品，适当涨价会增加总收入．如果价格上涨10%，总收入将相对增加$10(1-|\eta_p|)\%$.

【例4】 设某商品的需求价格函数为$q=1.5e^{-\frac{p}{5}}$，求销售价格$p=9$时的需求价格弹性，并进一步作出相应的经济解释.

解 $$\eta_p\Big|_{p=9}=-0.3e^{-\frac{p}{5}}\frac{p}{1.5e^{-\frac{p}{5}}}\Bigg|_{p=9}=-1.8.$$

由于$\left|\eta_p\Big|_{p=9}\right|=1.8>1$，这是一种富有弹性的商品，价格的变化对需求量有较大的影响，在$p=9$的基础上，若价格上涨10%，则需求量将下降18%，总收入下降8%；若价格下降10%，则需求量将上升18%，总收入上升8%．通过以上分析，价格$p=9$时应当作出适当降价的决策.

三、经济学中的最优值问题

1. 最大利润问题

因为总利润$L(q)$、总收入$R(q)$和总成本$C(q)$有如下关系：
$$L(q)=R(q)-C(q),$$
所以
$$L'(q)=R'(q)-C'(q).$$

从而获利最大的销售量q必满足$L'(q)=0$，这就是说使边际收入与边际成本相等的销售量(或产量)，能使利润最大.

【例5】 如果销售q千克的总利润函数为(单位：万元)
$$L(q)=-\frac{1}{3}q^3+6q^2-11q-40,$$
问销售多少千克获利最大.

解 $L'(q)=-q^2+12q-11$.

令$L'(q)=0$，得$q=11$，$q=1$.

因为$L''(q)=-2q+12$，所以，$L''(11)=-10<0$，$L''(1)=10>0$.

所以$q=11$为$L(q)$的唯一极大值点.

由于最大利润是存在的，所以销售量$q=11$千克时利润最大，最大利润为
$$L_{\max}(11)\approx121.33(万元).$$

2. 成本最低的产量问题

【例6】 设某企业生产q个单位产品的总成本函数是
$$C(q)=q^3-10q^2+50q.$$

(1)求使得平均成本$\overline{C}(q)$为最小的产量；

(2)最小平均成本以及相应的边际成本.

解 (1)$\overline{C}(q)=\dfrac{q^3-10q^2+50q}{q}=q^2-10q+50$,

$\overline{C}'(q)=2q-10$.

令$\overline{C}'(q)=0$，解得$q=5$.

因为 $\overline{C}''(5)=2>0$，所以 $q=5$ 是 $\overline{C}(q)$ 的唯一极小值点．由于 $\overline{C}(q)$ 的最小值是存在的，所以 $q=5$ 时平均成本 $\overline{C}(q)$ 为最小．

(2)
$$\overline{C}_{\min}(5)=5^2-10\times5+50=25;$$
$$C'(5)=3\times5^2-20\times5+50=25.$$

一般而言，由于 $\overline{C}(q)=\dfrac{C(q)}{q}$，所以

$$\overline{C}'(q)=\frac{qC'(q)-C(q)}{q^2}=\frac{1}{q}(C'(q)-\overline{C}(q)).$$

由此可见，最小平均成本等于相应的边际成本．

技能训练 3.5

1．某企业生产某种产品，每批的固定成本为 700 元，每生产 1 件产品，总成本增加 5 元，x(件)表示产量．

(1)试写出产品的总成本 $C(x)$ 的函数关系式；

(2)若每件产品售价为 7 元，试写出利润函数 $L(x)$．

2．某产品的总成本 C 是产量 x(万件)的函数 $C(x)=x^3-2x^2+60x$，若产品的价格为 1 180 元/万件．试求：

(1)平均成本最低时的产量；

(2)产量为何值时，利润最大；

(3)生产 15 万件和 25 万件时的边际成本．

习题 3

1．选择题

(1)函数 $f(x)$ 在 (a, b) 内可导，$f'(x)>0$ 是 $f(x)$ 在 (a, b) 内单调增加的(　　)；

A．必要条件但非充分条件　　　B．充分条件但非必要条件

C．充分必要条件　　　D．无关条件

(2)设 $f''(x_0)$ 存在，且 x_0 是函数 $f(x)$ 的极大值点，则必有(　　)；

A．$f'(x_0)=0$，$f''(x_0)<0$

B．$f'(x_0)=0$，$f''(x_0)>0$

C．$f'(x_0)=0$，$f''(x_0)=0$

D．$f'(x_0)=0$，$f''(x_0)<0$ 或 $f'(x_0)=0$，$f''(x_0)>0$

(3)设 $b>0$，$f(x)=a-b(x-c)^{\frac{2}{3}}$，则 $x=c$ (　　)；

A．是 $f(x)$ 的驻点　　　B．是 $f(x)$ 的极大值点

C．是 $f(x)$ 的极小值点　　　D．不是 $f(x)$ 的极值点

(4)设 $f(x)$ 在点 x_0 处可导，则 $f'(x_0)=0$ 是 $f(x)$ 在 $x=x_0$ 取得极值的(　　)；

A．必要条件但非充分条件　　　B．充分条件但非必要条件

C. 充分必要条件　　D. 无关条件

(5)设 $f(x)$ 在 x_0 二阶可导，且 $f'(x_0)=0$，$f''(x_0)=0$ 则 $f(x)$ 在 $x=x_0$ (　　).

A. 一定有极大值　　B. 一定有极小值

C. 一定有极值　　D. 不一定没有极值

2. 求下列函数的极限：

(1) $\lim\limits_{x\to 0}\dfrac{e^x-1}{x}$；　　(2) $\lim\limits_{x\to +\infty}\dfrac{e^x}{x^3}$；

(3) $\lim\limits_{x\to +\infty}\dfrac{\ln x}{x^3}$；　　(4) $\lim\limits_{x\to 0^+}\dfrac{\ln x}{\ln\sin x}$.

3. 求下列函数的单调区间和极值：

(1) $y=\dfrac{1}{3}x^3-x^2+\dfrac{1}{3}$；　　(2) $y=2x^3-9x^2+12x-3$；

(3) $y=\dfrac{2x}{1+x^2}$；　　(4) $y=2x^2-\ln x$.

4. 验证下列结论：

(1) $f(x)=e^{-x^2}$ 在区间 $(0, +\infty)$ 内是单调减函数；

(2) $f(x)=x-\sin x$ 在区间 $(-\infty, +\infty)$ 内是单调增函数.

5. 求下列函数在所给区间上的最大值和最小值：

(1) $y=2x^3-3x^2$，$x\in[-1, 4]$；

(2) $y=x^4-8x^2+2$，$x\in[-1, 3]$；

(3) $y=x+\sqrt{1-x}$，$x\in[0, 1]$；

(4) $y=2x^3+3x^2-12x+14$，$x\in[-2, 2]$.

6. 求下列函数在定义域上的最大值和最小值：

(1) $y=x^4-\dfrac{4}{3}x^3+3$；　　(2) $y=(x-2)e^x$.

7. 设 $f(x)=ax^3+bx^2+cx+d\,(a\neq 0)$，其图形关于原点对称，且 $x=\dfrac{1}{2}$ 时取得极小值 -1，试确定这个函数 $f(x)$.

8. 某厂生产某产品的总成本函数为 $C(x)=\dfrac{1}{4}x^2+8x+4\,900$，若价格为 p，每月可销售 $\dfrac{1}{3}(528-p)$，假设该厂每月能够将全部产品销售完，试以

(1)最大利润为基础，求：①每月产量；②平均成本；③总成本；④总收益；⑤产品价格；⑥总利润.

(2)最大收益为基础，求：①每月产量；②平均成本；③总成本；④总收益；⑤产品价格；⑥总利润.

(3)最低平均成本为基础，求：①每月产量；②平均成本；③总成本；④总收益；⑤产品价格；⑥总利润.

第4章 积　分

积分可以看做是求导数问题的逆问题，积分与微分构成了微积分学的两个基础组成部分. 积分学具有重要的实际意义，应用于求图形的面积、路程的计算等. 本章将通过求曲边梯形的面积，介绍积分的概念、应用，以及它和微分的关系.

§4.1　定积分的概念

一、问题的提出

1. 曲边梯形的面积

在初等数学中，我们学习了一些简单的平面封闭图形(如三角形、圆等)的面积的计算. 但实际问题中出现的图形常具有不规则的“曲边”，我们怎样来计算它们的面积呢？下面以曲边梯形为例来讨论这个问题.

设函数 $y=f(x)$ 在 $[a, b]$ 上连续. 由曲线 $y=f(x)$ 与直线 $x=a$，$x=b$，x 轴所围成的图形称为**曲边梯形**(如图 4-1). 为讨论方便，假定 $f(x)\geqslant 0$.

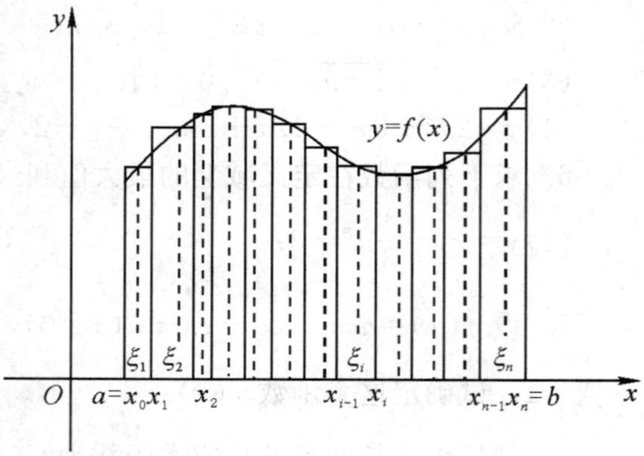

图 4-1

由于函数 $y=f(x)$ 上的点的纵坐标不断变化，所以整个曲边梯形各处的高 $f(x)$ 不相等，差异很大. 为使高的变化较小，先将区间 $[a, b]$ 分成 n 个小区间，即插入分点

$$a=x_0<x_1<x_2<\cdots<x_n=b.$$

在每个分点处作与 y 轴平行的直线段，将整个曲边梯形分成 n 个小曲边梯形，其中第 i 个小区间的长度为 $\Delta x_i=x_i-x_{i-1}$，$i=1, 2, \cdots, n$. 由于 $f(x)$ 连续，故当 Δx_i 很小时，第 i 个小曲边梯形各点的高变化很小. 在区间 $[x_{i-1}, x_i]$ 上任取一点 ξ_i，则可认为第 i 个小曲边梯形的平均高度为 $f(\xi_i)$，因此，这个小曲边梯形的面积 $\Delta A_i\approx f(\xi_i)\Delta x_i$.

用这样的方法求出每个小曲边梯形面积的近似值，再求和，即得整个大曲边梯形面积的近似值 $A=\sum\limits_{i=1}^{n}\Delta A_i\approx\sum\limits_{i=1}^{n}f(\xi_i)\Delta x_i$.

可以看出，对区间$[a, b]$所做的分割越细，上式右端的和式就越接近A. 记$\lambda=\max\limits_{1\leqslant i\leqslant n}\{\Delta x_i\}$，则当$\lambda\to 0$时，误差也趋于0. 因此，所求面积

$$A=\lim_{\lambda\to 0}\sum_{i=1}^{n}f(\xi_i)\Delta x_i.$$

2. 变速直线运动的路程

设物体做变速直线运动，速度$v(t)$是时间t的连续函数，且$v(t)\geqslant 0$. 求物体在时间间隔$[a, b]$内所经过的路程s.

由于速度$v(t)$随时间的变化而变化，因此不能用匀速直线运动的公式“路程＝速度×时间”来计算物体做变速运动的路程. 但由于$v(t)$连续，当t的变化很小时，速度的变化也非常小，因此在很短的时间内，变速运动可以近似看成匀速运动. 又时间区间$[a, b]$可以划分为若干个微小的时间区间之和，所以可以与前述面积问题一样，采用分割、局部近似、求和、取极限的方法来求变速直线运动的路程.

(1)分割：用分点$a=t_0<t_1<t_2<\cdots<t_n=b$将时间区间$[a, b]$分成$n$个小区间$[t_{i-1}, t_i](i=1, 2, \cdots, n)$，其中第$i$个区间的长度为$\Delta t_i=t_i-t_{i-1}$，物体在此时间段内经过的路程为$\Delta s_i$.

(2)局部近似：当Δt_i很小时，在$[t_{i-1}, t_i]$上任取一点ξ_i，以$v(\xi_i)$来替代$[t_{i-1}, t_i]$上各时刻的速度，则$\Delta s_i\approx v(\xi_i)\Delta t_i$.

(3)求和：在每个小区间上用同样的方法求得路程的近似值，再求和，得

$$s=\sum_{i=1}^{n}\Delta s_i\approx\sum_{i=1}^{n}v(\xi_i)\Delta t_i.$$

(4)取极限：令$\lambda=\max\limits_{1\leqslant i\leqslant n}\{\Delta t_i\}$，则当$\lambda\to 0$时，上式右端的和式作为$s$近似值的误差会趋于0，因此

$$s=\lim_{\lambda\to 0}\sum_{i=1}^{n}v(\xi_i)\Delta t_i.$$

以上两个问题尽管来自不同领域，却都归结为求同一结构的和式的极限. 我们以后还将看到，在求变力所做的功、水压力、某些几何体的体积等许多问题中，都会出现这种形式的极限，因此，有必要在数学上统一对它们进行研究，建立数学模型.

二、定积分的概念

定义 4.1　设函数$f(x)$在区间$[a, b]$上有定义，用任意分点

$$a=x_0<x_1<x_2<\cdots<x_n=b$$

将$[a, b]$分成n个小区间，用$\Delta x_i=x_i-x_{i-1}$表示第i个小区间的长度，在$[x_{i-1}, x_i]$上任取一点ξ_i，作乘积$f(\xi_i)\Delta x_i$，$i=1, 2, \cdots, n$. 再作和$\sum\limits_{i=1}^{n}f(\xi_i)\Delta x_i$. 若当$\lambda=\max\limits_{1\leqslant i\leqslant n}\{\Delta x_i\}\to 0$时，上式的极限存在，则称函数$f(x)$在区间$[a, b]$上**可积**，并称此极限值为$f(x)$在$[a, b]$上的**定积分**，记做$\int_a^b f(x)\mathrm{d}x$. 即

$$\int_a^b f(x)\mathrm{d}x=\lim_{\lambda\to 0}\sum_{i=1}^{n} f(\xi_i)\Delta x_i.$$

其中 $f(x)$称为**被积函数**，$f(x)\mathrm{d}x$ 称为**被积表达式**，x 称为**积分变量**，$[a, b]$称为**积分区间**，a，b 分别称为**积分下限**和**积分上限**.

许多实际问题都可用定积分表示. 例如，若变速直线运动的速度为 $v(t)$，则在时间区间$[a, b]$上，物体经过的路程为 $s=\int_a^b v(t)\mathrm{d}t$.

同理，图 4-1 所示的曲边梯形的面积为 $A=\int_a^b f(x)\mathrm{d}x$.

那么，哪些函数是可积的呢？有下面的定理.

定理 4.1 在闭区间$[a, b]$上连续的函数必在$[a, b]$上可积；在区间$[a, b]$上有界且只有有限个间断点的函数也必在$[a, b]$上可积.

由于初等函数在其定义域区间内是连续的，所以初等函数在其定义域内的闭区间上可积.

关于定积分的定义，作以下说明.

(1)$f(x)$在$[a, b]$上可积，是指不管对区间分割的方式怎样，也不管点 ξ_i 在小区间$[x_{i-1}, x_i]$上如何选取，只要 $\lambda\to 0$，极限值 $\lim\limits_{\lambda\to 0}\sum\limits_{i=1}^{n} f(\xi_i)\Delta x_i$ 总是唯一确定的.

(2)定积分是一个数，这个数取决于被积函数与积分区间，而与积分变量的记号无关，即

$$\int_a^b f(x)\mathrm{d}x=\int_a^b f(u)\mathrm{d}u=\int_a^b f(t)\mathrm{d}t.$$

此等式的正确性在几何上是显然的，因为对非负函数 f，这三个积分表示同一个平面图形的面积，只是坐标变量的记号不同而已，而这对面积没有影响.

(3)定义定积分时假定了下限 a 小于上限 b，为便于应用，规定当 $b\leqslant a$ 时，

$$\int_a^b f(x)\mathrm{d}x=-\int_b^a f(x)\mathrm{d}x.$$

$$\int_a^a f(x)\mathrm{d}x=0.$$

此规定说明：将积分上下限互换时，应改变积分的符号.

(4)定积分的几何意义：

①若 $f(x)>0$，则定积分 $\int_a^b f(x)\mathrm{d}x$ 表示如图 4-2 所示的曲边梯形的面积，即

$$\int_a^b f(x)\mathrm{d}x=A.$$

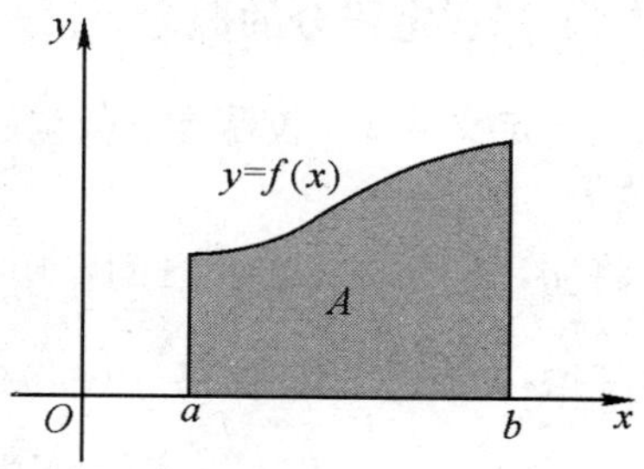

图 4-2

②若 $f(x)<0$，则定积分 $\int_a^b f(x)\mathrm{d}x$ 表示如图 4-3 所示的曲边梯形面积的负值，即

$$\int_a^b f(x)\mathrm{d}x = -A.$$

这是显然的，因为此时曲边梯形各点处的高是$-f(x)$而不是$f(x)$.

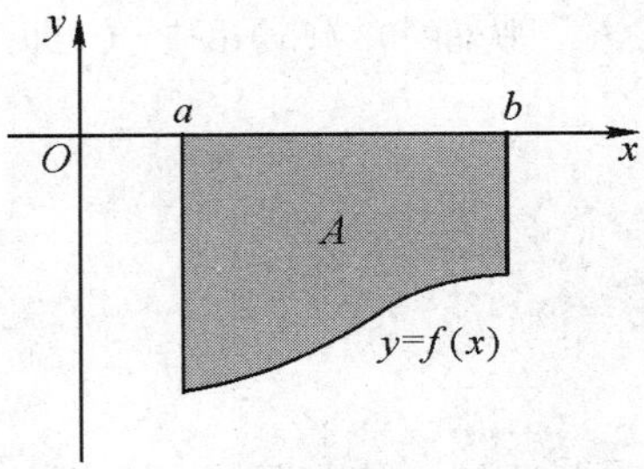

图 4-3

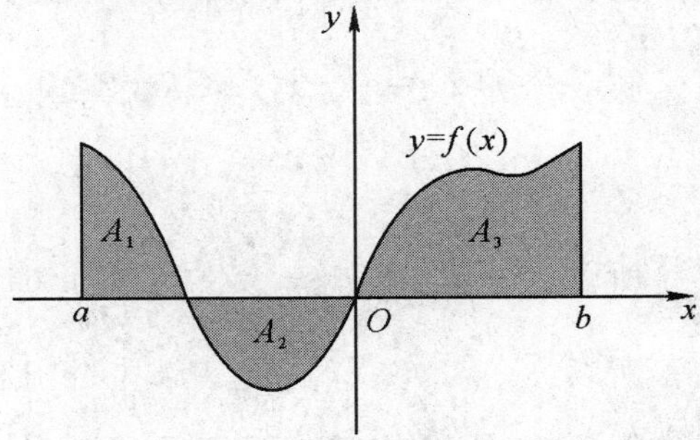

图 4-4

③如果在$[a, b]$上$f(x)$的值有正也有负，如图 4-4，则定积分$\int_a^b f(x)\mathrm{d}x$表示由x轴、曲线$y=f(x)$及直线$x=a$，$x=b$围成的图形各部分面积的代数和. 即在x轴上方的图形面积减去x轴下方的图形面积：

$$\int_a^b f(x)\mathrm{d}x = A_1 - A_2 + A_3.$$

由定积分的几何意义可直观地得出一些简单的积分值. 如

$$\int_a^b 0\mathrm{d}x = 0;\quad \int_a^b 1\mathrm{d}x = b-a.$$

三、定积分的基本性质

以下介绍定积分的基本性质，假定所列定积分都存在.

性质 1　函数代数和的定积分等于它们的定积分的代数和. 即

$$\int_a^b [f(x) \pm g(x)]\mathrm{d}x = \int_a^b f(x)\mathrm{d}x \pm \int_a^b g(x)\mathrm{d}x.$$

这个性质可推广到有限多个函数代数和的情形.

性质 2　被积函数的常数因子可以提到积分号前. 即

$$\int_a^b kf(x)\mathrm{d}x = k\int_a^b f(x)\mathrm{d}x \quad (k\text{ 为常数}).$$

性质 3　不论a，b，c三点的相互位置如何，恒有

$$\int_a^b f(x)\mathrm{d}x = \int_a^c f(x)\mathrm{d}x + \int_c^b f(x)\mathrm{d}x.$$

这个性质表明定积分对于积分区间具有可加性.

性质 4　若在区间$[a, b]$上，$f(x)\geqslant 0$，则$\int_a^b f(x)\mathrm{d}x \geqslant 0$.

推论 1　若在区间$[a, b]$上，$f(x)\leqslant g(x)$，则$\int_a^b f(x)\mathrm{d}x \leqslant \int_a^b g(x)\mathrm{d}x$.

推论 2 $\left|\int_a^b f(x)\mathrm{d}x\right| \leqslant \int_a^b |f(x)|\mathrm{d}x$.

【例 1】 比较$\int_0^{-2}\mathrm{e}^x\mathrm{d}x$和$\int_0^{-2}x\mathrm{d}x$的大小.

解 令$f(x)=\mathrm{e}^x-x$，$x\in[-2, 0]$，则$f(x)>0$，从而$\int_{-2}^0 f(x)\mathrm{d}x>0$,即

$$\int_{-2}^0(\mathrm{e}^x-x)\mathrm{d}x>0.$$

所以
$$\int_{-2}^0\mathrm{e}^x\mathrm{d}x>\int_{-2}^0 x\mathrm{d}x.$$

所以
$$\int_0^{-2}\mathrm{e}^x\mathrm{d}x<\int_0^{-2}x\mathrm{d}x.$$

性质 5（估值定理） 设函数$f(x)$在区间$[a, b]$上的最小值与最大值分别为m与M，则$m(b-a)\leqslant\int_a^b f(x)\mathrm{d}x\leqslant M(b-a)$.

证明 因为$m\leqslant f(x)\leqslant M$，所以由性质 4、推论 1 得

$$\int_a^b m\mathrm{d}x\leqslant\int_a^b f(x)\mathrm{d}x\leqslant\int_a^b M\mathrm{d}x,$$

即
$$m\int_a^b\mathrm{d}x\leqslant\int_a^b f(x)\mathrm{d}x\leqslant M\int_a^b\mathrm{d}x.$$

故
$$m(b-a)\leqslant\int_a^b f(x)\mathrm{d}x\leqslant M(b-a).$$

利用这个性质，由被积函数在积分区间上的最小值及最大值，可以估计出积分值的大致范围.

【例 2】 估计定积分$\int_0^{\pi}\frac{1}{2+\sin^{\frac{3}{2}}x}\mathrm{d}x$的值.

解 因为当$x\in[0, \pi]$时，$0\leqslant\sin x\leqslant1$，所以$0\leqslant\sin^{\frac{3}{2}}x\leqslant1$，由此有

$$2\leqslant2+\sin^{\frac{3}{2}}x\leqslant3,$$

$$\frac{1}{3}\leqslant\frac{1}{2+\sin^{\frac{3}{2}}x}\leqslant\frac{1}{2},$$

于是由估值定理有

$$\frac{\pi}{3}\leqslant\int_0^{\pi}\frac{1}{2+\sin^{\frac{3}{2}}x}\mathrm{d}x\leqslant\frac{\pi}{2}.$$

【例 3】 估计定积分$\int_1^2\mathrm{e}^{2x^3-x^4}\mathrm{d}x$的值.

解 设$f(x)=2x^3-x^4$，$x\in[1, 2]$，则$f'(x)=6x^2-4x^3$.

令$f'(x)=0$，得$x=\frac{3}{2}$.

又
$$f(1)=1,\ f\left(\frac{3}{2}\right)=\frac{27}{16},\ f(2)=0,$$

所以$f(x)$在$[1, 2]$内的最大值为$\frac{27}{16}$，最小值为 0，于是

$$1 = e^0 \leqslant e^{2x^3 - x^4} \leqslant e^{\frac{27}{16}},$$

由估值定理有 $$1 \leqslant \int_1^2 e^{2x^3-x^4}\,dx \leqslant e^{\frac{27}{16}}.$$

性质6(定积分中值定理) 如果函数 $f(x)$ 在区间 $[a, b]$ 上连续，则在 $[a, b]$ 内至少存在一点 ξ，使下式成立

$$\int_a^b f(x)\,dx = f(\xi)(b-a), \xi \in [a,b].$$

这个公式称为**积分中值公式**.

证明 把性质5的不等式各项除以 $b-a$，得 $m \leqslant \frac{1}{b-a}\int_a^b f(x)\,dx \leqslant M$.

由于 $f(x)$ 在闭区间 $[a, b]$ 上连续，而 $\frac{1}{b-a}\int_a^b f(x)\,dx$ 介于 $f(x)$ 的最小值 m 与最大值 M 之间，故根据连续函数的介值定理，在 $[a, b]$ 上至少存在一点 ξ，使 $f(\xi) = \frac{1}{b-a}\int_a^b f(x)\,dx$，即 $\int_a^b f(x)\,dx = f(\xi)(b-a)$.

显然，积分中值公式不论 $a<b$ 或 $a>b$ 都是成立的. 公式中，$f(\xi) = \frac{1}{b-a}\int_a^b f(x)\,dx$ 称为函数 $f(x)$ 在区间 $[a, b]$ 上的**平均值**.

这个性质的几何意义：对由连续曲线 $f(x)$、直线 $x=a$、直线 $x=b$ 和 x 轴围成的曲边梯形，总存在一个以 $b-a$ 为长，以 $[a, b]$ 上一点 ξ 的纵坐标 $f(\xi)$ 为宽的矩形，其面积就等于曲边梯形的面积(如图4-5).

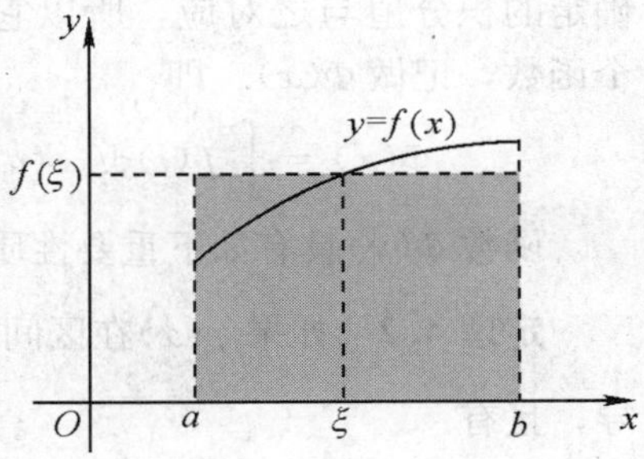

图 4-5

技能训练 4.1

1. 不计算定积分，比较下列各组积分值的大小：

(1) $\int_0^1 x\,dx$ 与 $\int_0^1 x^2\,dx$；

(2) $\int_0^{\frac{\pi}{2}} x\,dx$ 与 $\int_0^{\frac{\pi}{2}} \sin x\,dx$；

(3) $\int_0^1 e^{-x}\,dx$ 与 $\int_0^1 e^{-x^2}\,dx$.

2. 用几何图形说明下列各式是否正确：

(1) $\int_0^{\pi} \sin x\,dx > 0$；　　(2) $\int_0^{\pi} \cos x\,dx < 0$；

(3) $\int_0^1 x\,dx = \frac{1}{2}$；　　(4) $\int_0^1 \sqrt{1-x^2}\,dx = \frac{\pi}{4}$.

§4.2 微积分基本公式

由定积分的定义，定积分可以用“和式极限”来计算，但利用定义来计算定积分一般是相当复杂和困难的，有时甚至是不可能的. 因此，我们必须寻求计算定积分的简便方法.

一、变上限的积分

设函数 $f(x)$在区间$[a,b]$上连续，若 $x\in[a,b]$，则 $f(x)$在$[a,x]$上连续，故积分 $\int_a^x f(x)\mathrm{d}x$ 存在，称为**变上限的积分**. 为避免上限与积分变量混淆，将它改记为 $\int_a^x f(t)\mathrm{d}t$. 显然，对$[a,b]$上任一点 x，都有一个确定的积分值与之对应，所以它在$[a,b]$上定义了一个函数，记做 $\Phi(x)$. 即

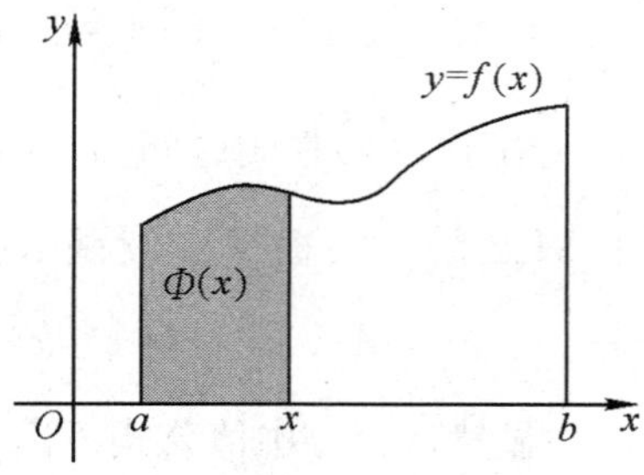

图 4-6

$$\Phi(x)=\int_a^x f(t)\mathrm{d}t \quad (a\leqslant x\leqslant b).$$

函数 $\Phi(x)$具有如下重要性质.

定理 4.2 如果 $f(x)$在区间$[a,b]$上连续，则函数 $\Phi(x)=\int_a^x f(t)\mathrm{d}t$ 在$[a,b]$上可导，且有

$$\Phi'(x)=\left(\int_a^x f(t)\mathrm{d}t\right)'_x=f(x).$$

【例 1】 求下列函数的导数：

(1) $\int_0^x \mathrm{e}^{-t}\mathrm{d}t$ ；　　(2) $\int_x^1 \cos^2 t\mathrm{d}t$.

解 (1) $\left[\int_0^x \mathrm{e}^{-t}\mathrm{d}t\right]'_x=\mathrm{e}^{-t}\Big|_{t=x}=\mathrm{e}^{-x}$.

(2) $\left[\int_x^1 \cos^2 t\mathrm{d}t\right]'_x=\left[-\int_1^x \cos^2 t\mathrm{d}t\right]'_x=-\cos^2 x$.

【例 2】 设 $a(x)$，$b(x)$均可导，求 $\int_{a(x)}^{b(x)} f(t)\mathrm{d}t$ 的导数.

解
$$\begin{aligned}\frac{\mathrm{d}}{\mathrm{d}x}\left[\int_{a(x)}^{b(x)} f(t)\mathrm{d}t\right]&=\frac{\mathrm{d}}{\mathrm{d}x}\left[\int_{a(x)}^{0} f(t)\mathrm{d}t+\int_0^{b(x)} f(t)\mathrm{d}t\right]\\&=\frac{\mathrm{d}}{\mathrm{d}x}\left[-\int_0^{a(x)} f(t)\mathrm{d}t+\int_0^{b(x)} f(t)\mathrm{d}t\right]\\&=b'(x)f[b(x)]-a'(x)f[a(x)].\end{aligned}$$

注意：

$\int_0^{a(x)} f(t)\mathrm{d}t$ 是 x 的复合函数，它由 $\int_0^u f(t)\mathrm{d}t, u=a(x)$ 复合而成，求导时要用复合

函数求导公式计算，$\int_0^{b(x)} f(t)\mathrm{d}t$ 的导数计算与 $\int_0^{a(x)} f(t)\mathrm{d}t$ 完全相似.

【例 3】 求极限 $\lim\limits_{x\to 0}\dfrac{x^2-\int_0^{x^2}\cos t^2\mathrm{d}t}{x^{10}}$.

解 此极限为 $\dfrac{0}{0}$ 型，用洛必达法则求解.

$$\lim_{x\to 0}\frac{x^2-\int_0^{x^2}\cos t^2\mathrm{d}t}{x^{10}}=\lim_{x\to 0}\frac{2x-2x\cos x^4}{10x^9}=\lim_{x\to 0}\frac{1-\cos x^4}{5x^8}=\lim_{x\to 0}\frac{\frac{1}{2}x^8}{5x^8}=\frac{1}{10}.$$

二、不定积分

介绍微积分基本公式前，先介绍不定积分.

求函数导数的问题，属于微分学问题. 但在许多实际应用中，常常会遇到把问题反过来讨论的情况. 这里我们要研究求导数运算的逆运算——不定积分.

1. 不定积分的概念

假设函数 $F(x)$ 的导数为 $f(x)=3x^2$，通过观察，我们可以得到 $F(x)$ 的表达式为

$$F(x)=x^3.$$

由于常数的导数是 0，所以满足上述条件的结果不止一个，比如，$F(x)=x^3+1$，或者 $F(x)=x^3+C$，C 是任意常数，均满足条件.

定义 4.2 设函数 $f(x)$ 在区间 I 上有定义，如果存在函数 $F(x)$，使得

$$\forall x\in I,\ 有\ F'(x)=f(x),$$

则称 $F(x)$ 是 $f(x)$ 在区间 I 上的**原函数**，或简称 $F(x)$ 是 $f(x)$ 的原函数.

例如，$\arctan x$ 是 $\dfrac{1}{1+x^2}$ 的原函数，$2\cos x$ 是 $-2\sin x$ 的原函数.

关于原函数，有以下说明.

(1)并不是所有的函数都有原函数. 那么，一个函数要满足什么条件才有原函数呢？这个问题比较复杂，不在这里作深入的讨论和研究. 但有一点可以肯定：连续函数一定有原函数. 除了连续函数以外，还有其他一些函数也是存在原函数的.

(2)因为常数的导数为 0，所以如果 $f(x)$ 的原函数存在，设 $F(x)$ 是 $f(x)$ 的一个原函数，那么对任意常数 C，$F(x)+C$ 都是 $f(x)$ 的原函数. 这就是说，原函数存在的话，它有无限多个.

(3)如果 $F(x)$ 是 $f(x)$ 的一个原函数，那么 $f(x)$ 除了 $F(x)+C$(C 为任意常数)这种形式的原函数外，再也没有其他形式的原函数了.

定理 4.3 若 $F(x)$ 是 $f(x)$ 在区间 I 上的一个原函数，则函数 $f(x)$ 有无限多个原函数，且 $f(x)$ 的无限多个原函数仅限于 $F(x)+C$(C 是任意常数)这样的形式.

由定理 4.3 可知，在 $f(x)$ 的无限多个原函数中，任意两个原函数只相差一个常数. 即如果 $F(x)$ 和 $G(x)$ 都是 $f(x)$ 的原函数，则 $F(x)-G(x)=C$.

定义 4.3 函数 $f(x)$ 的所有原函数 $F(x)+C$(C 为任意常数)叫做函数 $f(x)$ 的**不定**

积分. 记做$\int f(x)\mathrm{d}x$. 即

$$\int f(x)\mathrm{d}x = F(x) + C\ (C\text{为任意常数}),$$

其中 $f(x)$叫做**被积函数**，$f(x)\mathrm{d}x$ 叫做**被积表达式**，x 叫做**积分变量**，C 叫做**积分常数**.

注意：

不定积分与原函数的关系：不定积分是由所有原函数组成的集合，而原函数是这个集合中的一个元素.

【例 4】 判断下列各式是否正确，正确的说明理由，不正确的加以改正.

(1) $\int \sin x\mathrm{d}x = \cos x$；　　(2) $\int 3x^2\mathrm{d}x = x^3$；

(3) $\int \cos x\mathrm{d}x = \sin x + C$；　　(4) $\int(-4)x^{-3}\mathrm{d}x = x^{-4} + C$.

解 (1)不正确，$\int \sin x\mathrm{d}x = -\cos x + C$；

(2)不正确，$\int 3x^2\mathrm{d}x = x^3 + C$；

(3)正确；

(4)不正确，$\int(-4)x^{-3}\mathrm{d}x = 2x^{-2} + C$.

【例 5】 求 $\int x^\alpha\mathrm{d}x\quad(\alpha \neq -1)$.

解 因为幂函数的导数$(x^\alpha)' = \alpha x^{\alpha-1}$，所以有$\left(\frac{1}{1+\alpha}x^{\alpha+1}\right)' = x^\alpha$，所以

$$\int x^\alpha\mathrm{d}x = \frac{1}{1+\alpha}x^{\alpha+1} + C.$$

2. 不定积分的性质

下面讨论不定积分的一些基本性质.

性质 1 $\left(\int f(x)\mathrm{d}x\right)' = f(x), \mathrm{d}\int f(x)\mathrm{d}x = f(x)\mathrm{d}x$.(先积后导，形式不变)

事实上，由于$\int f(x)\mathrm{d}x$ 表示 $f(x)$的原函数，由原函数的定义可知，

$$\left(\int f(x)\mathrm{d}x\right)' = f(x).$$

性质 2 $\int f'(x)\mathrm{d}x = f(x) + C, \int \mathrm{d}f(x) = f(x) + C$.(先导后积，多个常数)

性质 3 当 $\alpha \neq 0$ 时，$\int \alpha f(x)\mathrm{d}x = \alpha\int f(x)\mathrm{d}x$.

即被积函数中不为 0 的常数因子可以提到积分号的外面.

性质 4 $\int(f(x) \pm g(x))\mathrm{d}x = \int f(x)\mathrm{d}x \pm \int g(x)\mathrm{d}x$.

性质 4 可推广到任意有限个函数的情形. 即有限个函数的代数和的积分等于各个函数的积分的代数和.

将性质 3、性质 4 合并可得不定积分的线性性质：

$$\int[\alpha_1 f_1(x)\pm\alpha_2 f_2(x)\pm\cdots\pm\alpha_n f_n(x)]\mathrm{d}x$$
$$=\alpha_1\int f_1(x)\mathrm{d}x\pm\alpha_2\int f_2(x)\mathrm{d}x\pm\cdots\pm\alpha_n\int f_n(x)\mathrm{d}x.$$

【例 6】 求 $\int\frac{\mathrm{d}x}{\sin^2x\cos^2x}$.

解 $\int\frac{\mathrm{d}x}{\sin^2x\cos^2x}=\int\frac{\sin^2x+\cos^2x}{\sin^2x\cos^2x}\mathrm{d}x=\int\frac{1}{\cos^2x}\mathrm{d}x+\int\frac{\mathrm{d}x}{\sin^2x}=\tan x-\cot x+C.$

【例 7】 求 $\int\left(\mathrm{e}^2+\frac{1}{4x}-2^x\mathrm{e}^x\right)\mathrm{d}x$.

解 $\int\left(\mathrm{e}^2+\frac{1}{4x}-2^x\mathrm{e}^x\right)\mathrm{d}x=\int\mathrm{e}^2\mathrm{d}x+\int\frac{\mathrm{d}x}{4x}-\int(2\mathrm{e})^x\mathrm{d}x$

$$=\mathrm{e}^2x+\frac{1}{4}\ln|x|-\frac{(2\mathrm{e})^x}{\ln 2\mathrm{e}}+C=\mathrm{e}^2x+\frac{1}{4}\ln|x|-\frac{(2\mathrm{e})^x}{1+\ln 2}+C.$$

【例 8】 求 $\int\frac{x^4}{1+x^2}\mathrm{d}x$.

解 $\int\frac{x^4}{1+x^2}\mathrm{d}x=\int\frac{x^4-1+1}{1+x^2}\mathrm{d}x=\int\frac{(x^2-1)(x^2+1)}{1+x^2}\mathrm{d}x+\int\frac{1}{1+x^2}\mathrm{d}x$

$$=\int(x^2-1)\mathrm{d}x+\int\frac{\mathrm{d}x}{1+x^2}=\frac{x^3}{3}-x+\arctan x+C.$$

3. 不定积分的几何意义

若 $F(x)$ 是 $f(x)$ 的一个原函数，则称 $F(x)$ 的图形为 $f(x)$ 的一条**积分曲线**，$F(x)+C$（C 为任意常数）的图形是由 $F(x)$ 的图形沿 y 轴正、负方向平移 $|C|$ 所得，所有积分曲线组成的曲线簇，称为 $f(x)$ 的**积分曲线簇**. 所以不定积分 $\int f(x)\mathrm{d}x$ 在几何上表示 $f(x)$ 的全部积分曲线所组成的曲线簇.（如图 4-7）

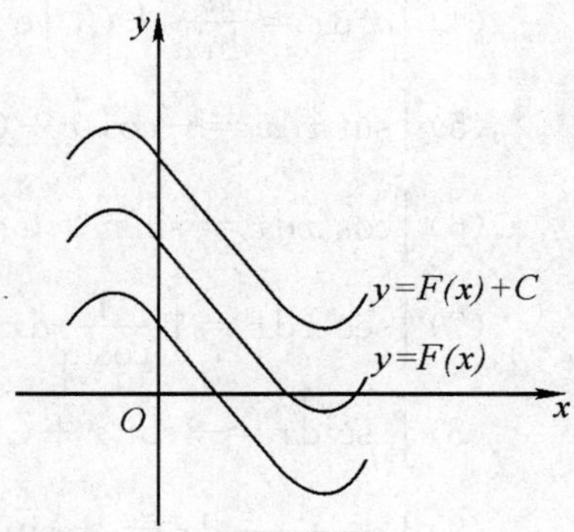

图 4-7

【例 9】 已知函数 $y=3x^2$ 的一条积分曲线通过点 (1，1)，求积分曲线的方程.

解 设所求的曲线方程为 $y=\varphi(x)$.

因为曲线 $y=\varphi(x)$ 是 $y=3x^2$ 的一条积分曲线，故 $\varphi'(x)=3x^2$，即函数 $\varphi(x)$ 是函数 $y=3x^2$ 的一个原函数. 又 $y=3x^2$ 的任意积分曲线为 $y=x^3+C$，而 $y=\varphi(x)$ 必是其中的一条曲线，所以 $\varphi(x)=x^3+C$.

将 $x=1$，$y=1$ 代入 $y=x^3+C$，得 $1=1+C$，即有 $C=0$.

故所求曲线方程为 $y=x^3$.

技能训练 4.2.1

1. 填空题

(1)函数 x^2 的原函数是________；

(2)函数 x^2 是函数________的原函数；

(3)设 $f(x)=3^x\sin x^3$，则 $\int f'(x)\mathrm{d}x=$ ________；

(4)设 $\int f(x)\mathrm{d}x=x^2\ln x+C$，则 $f(x)=$________；

(5) $\left[\int f(x)\mathrm{d}x\right]'=$________；

(6) $\mathrm{d}\int f(x)\mathrm{d}x=$ ________.

2. 求过点(1，2)，且点(x，$f(x)$)处的切线斜率为 $3x^2$ 的曲线方程 $y=f(x)$.

4. 不定积分的基本公式

根据导数的基本公式，得到如下不定积分的基本公式.

(1) $\int \mathrm{d}x=x+C,\int \alpha\mathrm{d}x=\alpha x+C$；

(2) $\int x^\alpha \mathrm{d}x=\dfrac{1}{\alpha+1}x^{\alpha+1}+C(\alpha\neq-1)$；

(3) $\int \dfrac{1}{x}\mathrm{d}x=\ln x+C$；

(4) $\int a^x\mathrm{d}x=\dfrac{a^x}{\ln a}+C,\int \mathrm{e}^x\mathrm{d}x=\mathrm{e}^x+C$；

(5) $\int \sin x\mathrm{d}x=-\cos x+C$；

(6) $\int \cos x\mathrm{d}x=\sin x+C$；

(7) $\int \sec^2 x\mathrm{d}x=\int\dfrac{1}{\cos^2 x}\mathrm{d}x=\tan x+C$；

(8) $\int \csc^2\mathrm{d}x=-\cot x+C$；

(9) $\int \dfrac{1}{\sqrt{1-x^2}}\mathrm{d}x=\arcsin x+C$；

(10) $\int \dfrac{1}{1+x^2}\mathrm{d}x=\arctan x+C$.

【例 10】 求 $\int\dfrac{\mathrm{d}x}{x\sqrt[3]{x}}$.

解 $\int\dfrac{\mathrm{d}x}{x\sqrt[3]{x}}=\int x^{-\frac{4}{3}}\mathrm{d}x=\dfrac{x^{-\frac{4}{3}+1}}{-\frac{4}{3}+1}+C=-\dfrac{3}{\sqrt[3]{x}}+C.$

5. 直接积分法

有了不定积分的基本公式和不定积分的基本性质，很多的不定积分可以直接进行计算. 下面通过简单的实例，说明直接计算的基本方法.

【例 11】 计算 $\int(\sin x+x^3-\mathrm{e}^x)\mathrm{d}x$.

解 由性质 4 有

$$\int(\sin x+x^3-\mathrm{e}^x)\mathrm{d}x=\int\sin x\mathrm{d}x+\int x^3\mathrm{d}x-\int\mathrm{e}^x\mathrm{d}x=-\cos x+\frac{1}{4}x^4-\mathrm{e}^x+C.$$

【例 12】 计算 $\int\frac{(1+x)^2}{x(1+x^2)}\mathrm{d}x$.

解 在基本公式中没有这个积分，因此我们需要对被积函数进行适当的变换.

因为 $$\frac{(1+x)^2}{x(1+x^2)}=\frac{1+2x+x^2}{x(1+x^2)}=\frac{1}{x}+\frac{2}{1+x^2},$$

所以 $$\int\frac{(1+x)^2}{x(1+x^2)}\mathrm{d}x=\int\left(\frac{1}{x}+\frac{2}{1+x^2}\right)\mathrm{d}x=\int\frac{1}{x}\mathrm{d}x+\int\frac{2}{1+x^2}\mathrm{d}x$$
$$=\ln|x|+2\arctan x+C.$$

【例 13】 设某企业生产某种产品的边际收入为 $210q-3q^2$(万元/吨)，求该企业生产该产品的总收入函数，并求出总收入达到最大值时的产量.

解 设该产品的总收入函数是 $R=R(q)$，由已知，有 $R'=210q-3q^2$，所以

$$R(q)=\int R'(q)\mathrm{d}q=\int(210q-3q^2)\mathrm{d}q=105q^2-q^3+C.$$

因为产量为 0 时，总收入为 0，即 $R(0)=0$，所以 $C=0$. 所以

$$R(q)=105q^2-q^3.$$

令 $R'(q)=0$，解得 $q=70$($q=0$ 舍去).

因为 $R=R(q)$的最大值是存在的，所以产量为 70 吨时，总收入为最大.

技能训练 4.2.2

求下列不定积分：

(1) $\int\frac{1}{x}\mathrm{d}x$； (2) $\int\frac{1}{x^2\sqrt{x}}\mathrm{d}x$； (3) $\int(x-2)^2\mathrm{d}x$；

(4) $\int\frac{x^2}{1+x^2}\mathrm{d}x$； (5) $\int\left(2\mathrm{e}^x+\frac{3}{x}\right)\mathrm{d}x$； (6) $\int\left(1+\frac{1}{x^2}\right)\sqrt{x\sqrt{x}}\,\mathrm{d}x$.

三、微积分基本公式

定理 4.4 (牛顿(Newton)-莱布尼茨(Leibniz)公式) 如果函数 $F(x)$是连续函数 $f(x)$在区间$[a, b]$上的一个原函数，则

$$\int_a^b f(x)\mathrm{d}x=F(b)-F(a). \tag{4.1}$$

证明 由于 $F(x)$ 与 $\int_a^x f(t)\mathrm{d}t$ 均为 $f(x)$ 的原函数，由原函数的性质知

$$F(x)=\int_a^x f(t)\mathrm{d}t+C.$$

令 $x=a$，得 $C=F(a)$；令 $x=b$，得 $F(b)=\int_a^b f(t)\mathrm{d}t+F(a)$.

即
$$\int_a^b f(x)\mathrm{d}x=F(b)-F(a).$$

定理 4.4 称为微积分基本定理，公式 4.1 称为微积分基本公式，由于它是由牛顿和莱布尼茨各自独立创立的，所以又称为牛顿-莱布尼茨公式. 这个公式为定积分的计算提供了一种简便的方法. 在应用时常将公式写为如下形式：

$$\int_a^b f(x)\mathrm{d}x=F(x)\Big|_a^b=F(b)-F(a).$$

【例 14】 计算 $\int_2^4 \frac{1}{x}\mathrm{d}x$.

解 $\int_2^4 \frac{1}{x}\mathrm{d}x=\ln x\Big|_2^4=\ln 4-\ln 2=\ln 2.$

【例 15】 计算 $\int_0^1 \mathrm{e}^x\mathrm{d}x$.

解 $\int_0^1 \mathrm{e}^x\mathrm{d}x=\mathrm{e}^x\Big|_0^1=\mathrm{e}-1.$

【例 16】 求 $\int_{-1}^3 |2-x|\mathrm{d}x$.

解 $|2-x|=\begin{cases}2-x, & x\leqslant 2,\\ x-2, & x>2.\end{cases}$ 由区间可加性，得

$$\begin{aligned}\int_{-1}^3 |2-x|\mathrm{d}x&=\int_{-1}^2(2-x)\mathrm{d}x+\int_2^3(x-2)\mathrm{d}x\\&=\left(2x-\frac{x^2}{2}\right)\Big|_{-1}^2+\left(\frac{x^2}{2}-2x\right)\Big|_2^3\\&=\frac{9}{2}+\frac{1}{2}=5.\end{aligned}$$

【例 17】 求正弦曲线 $y=\sin x$ 在$[0,\pi]$上与 x 轴所围成的平面图形的面积.（如图 4-8）

解 这个曲边梯形的面积

$$\begin{aligned}A&=\int_0^\pi \sin x\mathrm{d}x=(-\cos x)\Big|_0^\pi\\&=-(\cos\pi-\cos 0)=2.\end{aligned}$$

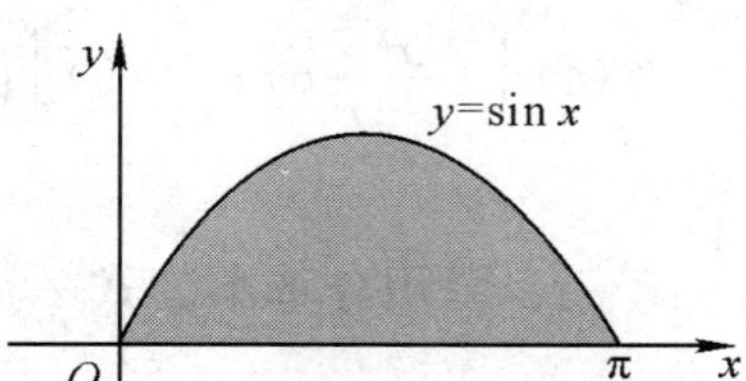

图 4-8

【例 18】 设 $f(x)=\frac{1}{1+x^2}+x^3\int_0^1 f(x)\mathrm{d}x$. 求 $\int_0^1 f(x)\mathrm{d}x$.

解 因为定积分$\int_0^1 f(x)\mathrm{d}x$是一个常数，所以，可设$\int_0^1 f(x)\mathrm{d}x=A$，故

$$f(x)=\frac{1}{1+x^2}+x^3A.$$

上式两边在[0，1]上积分得

$$A=\int_0^1 f(x)\mathrm{d}x=\int_0^1\frac{1}{1+x^2}\mathrm{d}x+\int_0^1 x^3A\mathrm{d}x=\arctan x\Big|_0^1+A\cdot\frac{x^4}{4}\Big|_0^1=\frac{\pi}{4}+\frac{A}{4},$$

移项得$\frac{3}{4}A=\frac{\pi}{4}$，所以$A=\int_0^1 f(x)\mathrm{d}x=\frac{\pi}{3}$.

技能训练 4.2.3

计算下列各积分：

(1) $\int_1^2\left(x^2+\frac{1}{x^4}\right)\mathrm{d}x$；　　(2) $\int_4^9[\sqrt{x}(1+\sqrt{x})]\mathrm{d}x$；

(3) $\int_{-\frac{1}{2}}^{\frac{1}{2}}\frac{1}{\sqrt{1-x^2}}\mathrm{d}x$；　　(4) $\int_0^1\frac{1-x^2}{1+x^2}\mathrm{d}x$；

(5) $\int_0^1(2x+3)\mathrm{d}x$；　　(6) $\int_0^\pi(a\sin x+b\cos x)\mathrm{d}x$；

(7) $\int_1^4\frac{1+x}{\sqrt{x}}\mathrm{d}x$；　　(8) $\int_{\frac{\pi}{4}}^{\frac{\pi}{3}}\sec^2 x\mathrm{d}x$.

§4.3 换元积分法与分部积分法

一、不定积分的第一换元法——凑微分法

对于函数$y=\sin^3 x$的微分，由链式法则有

$$\mathrm{d}y=3\sin^2 x\mathrm{d}\sin x=3\sin^2 x\cos x\mathrm{d}x.$$

反之，当$F(x)$等于什么时，有

$$\mathrm{d}F(x)=3\sin^2 x\cos x\mathrm{d}x.$$

注意到$\cos x\mathrm{d}x=\mathrm{d}\sin x$，先令$u=\sin x$，问题就转换成解决

$$\mathrm{d}F=3u^2\mathrm{d}u.$$

到此，问题就可以得到解决了．这一思想方法，就是我们将要介绍的第一换元积分法的思想方法．

定理 4.5（第一换元积分法） 设$f(u)$具有原函数$F(u)$，$u=\varphi(x)$可导，则$F[\varphi(x)]$是$f[\varphi(x)]\varphi'(x)$的原函数，即有换元公式

$$\int f[\varphi(x)]\varphi'(x)\mathrm{d}x=\int f(u)\mathrm{d}u\Big|_{u=\varphi(x)}=F(\varphi(x))+C.$$

注意：

第一换元积分法也叫凑微分法，关键是将$\int g(x)\mathrm{d}x$转化为$\int f[\varphi(x)]\varphi'(x)\mathrm{d}x$的形式，并且$f[\varphi(x)]$的原函数$F[\varphi(x)]$容易找到.

【例 1】 计算$\int \mathrm{e}^{3x}\mathrm{d}x$.

解 被积函数e^{3x}是e^{u}和$u=3x$复合而成的，如果把$\mathrm{d}x$凑成$\mathrm{d}(3x)$，其关系式为$\mathrm{d}x=\frac{1}{3}\mathrm{d}(3x)$，于是

$$\int \mathrm{e}^{3x}\mathrm{d}x=\int \frac{1}{3}\mathrm{e}^{3x}\mathrm{d}(3x)=\frac{1}{3}\int \mathrm{e}^{u}\mathrm{d}u=\frac{1}{3}\mathrm{e}^{u}+C=\frac{1}{3}\mathrm{e}^{3x}+C.$$

注意：

一般地，当被积函数形如$f(ax+b)$时，被积表达式$f(ax+b)\mathrm{d}x$可凑成$\frac{1}{a}f(ax+b)\mathrm{d}(ax+b)$的形式，即转换成$\frac{1}{a}f(u)\mathrm{d}u$的形式.

【例 2】 计算$\int \tan x\mathrm{d}x$.

解 由于$\tan x=\frac{\sin x}{\cos x}$，而$\sin x\mathrm{d}x=-\mathrm{d}\cos x$，令$u=\cos x$，得

$$\begin{aligned}\int \tan x\mathrm{d}x&=\int \frac{\sin x}{\cos x}\mathrm{d}x=\int \frac{-1}{\cos x}\mathrm{d}\cos x=-\int \frac{1}{u}\mathrm{d}u\\&=-\ln|u|+C=-\ln|\cos x|+C.\end{aligned}$$

用同样的方法可求出：

$$\int \cot x\mathrm{d}x=\int \frac{\cos x}{\sin x}\mathrm{d}x=\int \frac{1}{\sin x}\mathrm{d}\sin x=\ln|\sin x|+C.$$

不定积分第一换元积分法是积分计算的一种常用方法，它的技巧性相当强，除要求熟练掌握积分的基本公式外，还要有一定的分析能力，要熟悉许多恒等式及微分公式.

二、不定积分的第二换元法

考察积分$\int \frac{1}{1+\sqrt{1+x}}\mathrm{d}x$. 显然，用第一换元法不能解决.

不妨考虑先去掉根号.

令$\sqrt{1+x}=t$，于是$x=t^2-1$，这时$\mathrm{d}x=2t\mathrm{d}t$，把这些关系式代入原式，得

$$\int \frac{1}{1+\sqrt{1+x}}\mathrm{d}x=\int \frac{1}{1+t}2t\mathrm{d}t=\int\left(2-\frac{2}{1+t}\right)\mathrm{d}t.$$

这时可以直接积分了，这一方法就是我们将要介绍的第二换元积分法.

定理 4.6(第二换元法) 如果$x=\varphi(t)$单调、可导，并且$f[\varphi(t)]\varphi'(t)$存在原函数$F(t)$，那么

$$\int f(x)\mathrm{d}x=\int f[(\varphi(t)]\varphi'(t)\mathrm{d}t=F(t)+C=F[\varphi^{-1}(x)]+C.$$

事实上，$\frac{\mathrm{d}}{\mathrm{d}x}F[\varphi^{-1}(x)]=\frac{\mathrm{d}F}{\mathrm{d}t}\frac{\mathrm{d}t}{\mathrm{d}x}=f[\varphi(t)]\varphi'(t)\left(\frac{\mathrm{d}x}{\mathrm{d}t}\right)^{-1}=f(x)$，所以等式成立.

注意：

(1)从形式上来看，

$$\int f[\varphi(t)]\varphi'(t)\mathrm{d}t=\int f[\varphi(t)]\mathrm{d}\varphi(t).$$

从左到右就是第一换元积分法；用右到左就是第二换元积分法.

(2)在第二换元积分法中，最后需要求出 $x=\varphi(t)$ 的反函数 $t=\varphi^{-1}(x)$，再代入到 $F(t)+C$. 也就是说要换回原来的变量.

【例 3】 求 $\int\frac{1}{1+\sqrt{x}}\mathrm{d}x$.

解 令 $t=\sqrt{x}$，于是 $x=t^2(t>0)$，$\mathrm{d}x=2t\mathrm{d}t$. 将 x，$\mathrm{d}x$ 代入原式，即将变量 x 替换成变量 t，得

$$\begin{aligned}\int\frac{1}{1+\sqrt{x}}\mathrm{d}x&=\int\frac{1}{t+1}\cdot 2t\mathrm{d}t\\&=2\int\frac{(t+1)-1}{t+1}\mathrm{d}t\\&=2\int\left(1-\frac{1}{t+1}\right)\mathrm{d}t\\&=2(t-\ln|t+1|)+C\\&=2\sqrt{x}-2\ln(\sqrt{x}+1)+C.\end{aligned}$$

【例 4】 求 $\int x\sqrt{2x+1}\mathrm{d}x$.

解 令 $t=\sqrt{2x+1}$，于是 $x=\frac{1}{2}(t^2-1)(t>0)$，$\mathrm{d}x=t\mathrm{d}t$. 所以

$$\begin{aligned}\int x\sqrt{2x+1}\mathrm{d}x&=\int\frac{1}{2}(t^2-1)t\cdot t\mathrm{d}t\\&=\frac{1}{2}\int(t^4-t^2)\mathrm{d}t\\&=\frac{1}{2}\left(\frac{1}{5}t^5-\frac{1}{3}t^3\right)+C\\&=\frac{1}{10}\sqrt{(2x+1)^5}-\frac{1}{6}\sqrt{(2x+1)^3}+C.\end{aligned}$$

三、不定积分的分部积分法

因为 $(x\sin x)'=x\cos x+\sin x$，所以

$$\int x\cos x\mathrm{d}x+\int\sin x\mathrm{d}x=\int(x\cos x+\sin x)\mathrm{d}x=x\sin x+C.$$

从而 $\int x\cos x\mathrm{d}x = x\sin x - \int \sin x\mathrm{d}x + C = x\sin x + \cos x + C.$

定理 4.7(分部积分法) 若 $u(x)$ 与 $v(x)$ 可导，不定积分 $\int u'(x)v(x)\mathrm{d}x$ 存在，则 $\int u(x)v'(x)\mathrm{d}x$ 也存在，并有

$$\int u(x)v'(x)\mathrm{d}x = u(x)v(x) - \int u'(x)v(x)\mathrm{d}x.$$

注意：

分部积分法的关键是恰当选择 u 和 $\mathrm{d}v$，取 u 要考虑使 u' 比 u 更简单，取 $\mathrm{d}v$ 要考虑便于求出它的原函数，使 $\int v\mathrm{d}u$ 比 $\int u\mathrm{d}v$ 更简单.

【例 5】 求 $\int x\cos x\mathrm{d}x$.

解 如果取 $u=x$，$\mathrm{d}v=\cos x\mathrm{d}x$，则 $\mathrm{d}u=\mathrm{d}x$，$v=\sin x$，

显然，$\int \sin x\mathrm{d}x$ 比 $\int x\cos x\mathrm{d}x$ 更简单.

如果取 $u=\cos x$，$\mathrm{d}v=x\mathrm{d}x$，则 $\mathrm{d}u=-\sin x\mathrm{d}x$，$v=\dfrac{x^2}{2}$，

显然，$\int \dfrac{x^2}{2}\sin x\mathrm{d}x$ 比 $\int x\cos x\mathrm{d}x$ 更复杂，所以

$$\int x\cos x\mathrm{d}x = \int x\mathrm{d}\sin x = x\sin x - \int \sin x\mathrm{d}x = x\sin x + \cos x + C.$$

【例 6】 求 $\int (x+1)\mathrm{e}^x\mathrm{d}x$.

解 设 $u=x+1$，$\mathrm{d}v=\mathrm{e}^x\mathrm{d}x$，则 $\mathrm{d}u=\mathrm{d}x$，$v=\mathrm{e}^x$.

显然，$\int \mathrm{e}^x\mathrm{d}x$ 比 $\int (x+1)\mathrm{e}^x\mathrm{d}x$ 更简单，所以

$$\int (x+1)\mathrm{e}^x\mathrm{d}x = (x+1)\mathrm{e}^x - \int \mathrm{e}^x\mathrm{d}x = (x+1)\mathrm{e}^x - \mathrm{e}^x + C = x\mathrm{e}^x + C.$$

【例 7】 计算 $\int x^2\mathrm{e}^x\mathrm{d}x$.

解
$$\begin{aligned}\int x^2\mathrm{e}^x\mathrm{d}x &= \int x^2\mathrm{d}\mathrm{e}^x = x^2\mathrm{e}^x - \int \mathrm{e}^x\mathrm{d}x^2 \\ &= x^2\mathrm{e}^x - 2\int x\mathrm{e}^x\mathrm{d}x = x^2\mathrm{e}^x - 2\int x\mathrm{d}\mathrm{e}^x \\ &= x^2\mathrm{e}^x - 2(x\mathrm{e}^x - \mathrm{e}^x) + C.\end{aligned}$$

一般地：

(1)当被积函数是多项式和正(余)弦函数或多项式和指数函数的乘积时，可考虑用分部积分法，并设多项式为 u；

(2)当被积函数是多项式和对数函数或多项式和反三角函数的乘积时，可考虑用分部积分法，并设对数函数或反三角函数为 u.

技能训练 4.3.1

求下列不定积分：

(1) $\int (x^2-3x+2)\mathrm{d}x$；　　(2) $\int \left(x\sqrt{x}+\dfrac{1}{x^2\sqrt{x}}\right)\mathrm{d}x$；

(3) $\int (3x-2)^5\mathrm{d}x$；　　(4) $\int x\sin x^2\mathrm{d}x$；

(5) $\int \dfrac{x^3}{\sqrt{x^4-1}}\mathrm{d}x$；　　(6) $\int x^2\mathrm{e}^{x^3}\mathrm{d}x$；

(7) $\int \dfrac{1}{x+\sqrt{x}}\mathrm{d}x$；　　(8) $\int \dfrac{1}{x+\sqrt[3]{x}}\mathrm{d}x$；

(9) $\int x\cos x\mathrm{d}x$；　　(10) $\int x^2\ln x\mathrm{d}x$；

(11) $\int \dfrac{1}{x^2}\ln x\mathrm{d}x$；　　(12) $\int \mathrm{e}^x\cos x\mathrm{d}x$.

由牛顿-莱布尼茨公式可知，定积分的计算归结为求被积函数的原函数. 换元积分法与分部积分法对于定积分的计算也是非常重要的.

四、定积分的换元法

定理 4.8　假设

(1)函数 $f(x)$在区间$[a, b]$上连续；

(2)函数 $x=\varphi(t)$在区间$[\alpha, \beta]$上有连续且不变号的导数；

(3)当 t 在$[\alpha, \beta]$上变化时，$x=\varphi(t)$的值在$[a, b]$上变化，且 $\varphi(\alpha)=a$，$\varphi(\beta)=b$.

则有
$$\int_a^b f(x)\mathrm{d}x=\int_\alpha^\beta f[\varphi(t)]\varphi'(t)\mathrm{d}t.$$

注意：

(1)在应用定理时，必须注意变换 $x=\varphi(t)$应满足的条件；

(2)在改变积分变量的同时相应改变积分限，然后对新变量积分.

【例 8】　计算 $\int_1^2 \dfrac{\sqrt{x-1}}{x}\mathrm{d}x$.

解　令 $\sqrt{x-1}=t$，则 $x=1+t^2$，$\mathrm{d}x=2t\mathrm{d}t$.

当 $x=1$ 时，$t=0$；当 $x=2$ 时，$t=1$.

于是
$$\int_1^2 \frac{\sqrt{x-1}}{x}\mathrm{d}x=\int_0^1 \frac{t}{1+t^2}\cdot 2t\mathrm{d}t=2\int_0^1\left(1-\frac{1}{1+t^2}\right)\mathrm{d}t$$
$$=2(t-\arctan t)\Big|_0^1=2\left(1-\frac{\pi}{4}\right).$$

【例 9】 计算$\int_0^a \sqrt{a^2-x^2}\mathrm{d}x\ (a>0)$.

解 令 $x=a\sin t$，则 $\mathrm{d}x=a\cos t\mathrm{d}t$.

当 $x=0$ 时，$t=0$；当 $x=a$ 时，$t=\frac{\pi}{2}$.

于是
$$\int_0^a \sqrt{a^2-x^2}\mathrm{d}x=\int_0^{\frac{\pi}{2}} a\cos t\cdot a\cos t\mathrm{d}t$$
$$=\frac{a^2}{2}\int_0^{\frac{\pi}{2}}(1+\cos 2t)\mathrm{d}t$$
$$=\frac{a^2}{2}\left(t+\frac{1}{2}\sin 2t\right)\Big|_0^{\frac{\pi}{2}}=\frac{\pi a^2}{4}.$$

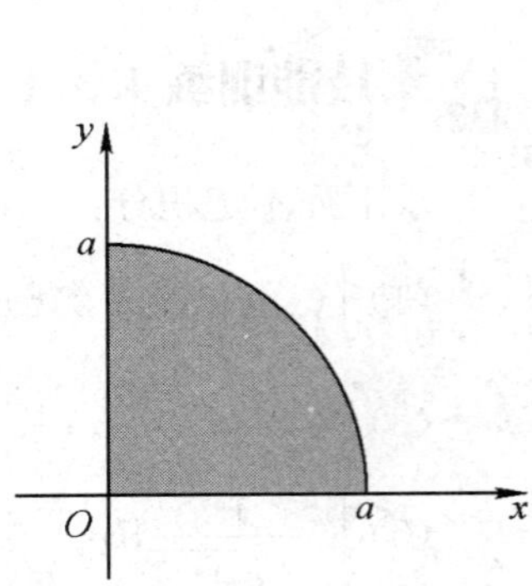

图 4-9

显然，这个定积分的值就是圆 $x^2+y^2=a^2(a>0)$在第一象限部分的面积.（如图 4-9）

【例 10】 计算$\int_0^{\frac{\pi}{2}}\cos^5 x\sin x\mathrm{d}x$.

解 解法 1　令 $t=\cos x$，则 $\mathrm{d}t=-\sin x\mathrm{d}x$.

当 $x=0$ 时，$t=1$；当 $x=\frac{\pi}{2}$时，$t=0$.

于是
$$\int_0^{\frac{\pi}{2}}\cos^5 x\sin x\mathrm{d}x=-\int_1^0 t^5\mathrm{d}t=-\frac{1}{6}t^6\Big|_1^0=\frac{1}{6}.$$

解法 2　也可以不写出新变量 t，这样定积分的上、下限就不要改变.

即
$$\int_0^{\frac{\pi}{2}}\cos^5 x\sin x\mathrm{d}x=-\int_0^{\frac{\pi}{2}}\cos^5 x\mathrm{d}\cos x$$
$$=-\frac{1}{6}\cos^6 x\Big|_0^{\frac{\pi}{2}}=-\left(0-\frac{1}{6}\right)=\frac{1}{6}.$$

由此可见，定积分换元公式主要适用于第二换元法，利用凑微分法换元不需要改变定积分的上、下限.

【例 11】 计算$\int_0^{\pi}\sqrt{1-\sin x}\mathrm{d}x$.

解
$$\int_0^{\pi}\sqrt{1-\sin x}\mathrm{d}x=\int_0^{\pi}\left|\sin\frac{x}{2}-\cos\frac{x}{2}\right|\mathrm{d}x$$
$$=\int_0^{\frac{\pi}{2}}\left(\cos\frac{x}{2}-\sin\frac{x}{2}\right)\mathrm{d}x+\int_{\frac{\pi}{2}}^{\pi}\left(\sin\frac{x}{2}-\cos\frac{x}{2}\right)\mathrm{d}x$$
$$=2\left(\sin\frac{x}{2}+\cos\frac{x}{2}\right)\Big|_0^{\frac{\pi}{2}}-2\left(\cos\frac{x}{2}+\sin\frac{x}{2}\right)\Big|_{\frac{\pi}{2}}^{\pi}$$
$$=4(\sqrt{2}-1).$$

注意：

去绝对值时要注意符号.

【例 12】 设 $f(x)$在$[-a, a]$上连续，证明：

(1)若 $f(x)$为奇函数，则 $\int_{-a}^{a} f(x)\mathrm{d}x = 0$；

(2)若 $f(x)$为偶函数，则 $\int_{-a}^{a} f(x)\mathrm{d}x = 2\int_{0}^{a} f(x)\mathrm{d}x$.

证明 根据定积分的性质有 $\int_{-a}^{a} f(x)\mathrm{d}x = \int_{-a}^{0} f(x)\mathrm{d}x + \int_{0}^{a} f(x)\mathrm{d}x$，

对上式右端第一个积分作变换 $x=-t$，有

$$\int_{-a}^{0} f(x)\mathrm{d}x = -\int_{a}^{0} f(-t)\mathrm{d}t = \int_{0}^{a} f(-t)\mathrm{d}t = \int_{0}^{a} f(-x)\mathrm{d}x.$$

故
$$\int_{-a}^{a} f(x)\mathrm{d}x = \int_{0}^{a} [f(-x) + f(x)]\mathrm{d}x.$$

(1)当 $f(x)$为奇函数时，$f(-x)=-f(x)$，故

$$\int_{-a}^{a} f(x)\mathrm{d}x = \int_{0}^{a} 0\mathrm{d}x = 0.$$

(2)当 $f(x)$为偶函数时，$f(-x)=f(x)$，故

$$\int_{-a}^{a} f(x)\mathrm{d}x = \int_{0}^{a} 2f(x)\mathrm{d}x = 2\int_{0}^{a} f(x)\mathrm{d}x.$$

利用例 12 的结论能很方便地求出一些定积分的值. 例如，

$$\int_{-\pi}^{\pi} x^6 \sin x\mathrm{d}x = 0.$$

$$\int_{-1}^{1} (x + \sqrt{4-x^2})^2\mathrm{d}x = \int_{-1}^{1} (4 + 2x\sqrt{4-x^2})\mathrm{d}x = 4\int_{-1}^{1} \mathrm{d}x + 0 = 8.$$

【例 13】 计算 $\int_{0}^{\pi} \frac{\sin x}{\sqrt{3+\sin^2 x}}\mathrm{d}x$.

解 设 $t=\cos x$，则 $\mathrm{d}t=-\sin x\mathrm{d}x$.

当 $x=0$ 时，$t=1$；当 $x=\pi$ 时，$t=-1$.

于是
$$\int_{0}^{\pi} \frac{\sin x}{\sqrt{3+\sin^2 x}}\mathrm{d}x = \int_{1}^{-1} \frac{-1}{\sqrt{4-t^2}}\mathrm{d}t = \int_{-1}^{1} \frac{1}{\sqrt{4-t^2}}\mathrm{d}t$$
$$= 2\int_{0}^{1} \frac{1}{\sqrt{4-t^2}}\mathrm{d}t = 2\arcsin \frac{t}{2}\Big|_{0}^{1} = \frac{\pi}{3}.$$

五、定积分的分部积分法

设函数 $u(x)$与 $v(x)$均在区间$[a, b]$上有连续的导数，由微分法则 $\mathrm{d}(uv)=u\mathrm{d}v+v\mathrm{d}u$，可得 $u\mathrm{d}v=\mathrm{d}(uv)-v\mathrm{d}u$.

等式两边同时在区间$[a, b]$上积分，有

$$\int_{a}^{b} u\mathrm{d}v = (uv)\Big|_{a}^{b} - \int_{a}^{b} v\mathrm{d}u.$$

上式称为定积分的分部积分公式，其中 a 与 b 是自变量 x 的下限与上限.

【例 14】 计算$\int_1^{e}\ln x\mathrm{d}x$.

解 令$u=\ln x$，$\mathrm{d}v=\mathrm{d}x$，则$\mathrm{d}u=\frac{\mathrm{d}x}{x}$. $v=x$. 故

$$\int_1^{e}\ln x\mathrm{d}x=(x\ln x)\Big|_1^{e}-\int_1^{e}x\cdot\frac{\mathrm{d}x}{x}=(e-0)-(e-1)=1.$$

【例 15】 计算$\int_0^{\pi}x\cos 3x\mathrm{d}x$.

解 $$\int_0^{\pi}x\cos 3x\mathrm{d}x=\frac{1}{3}\int_0^{\pi}x\mathrm{d}\sin 3x=\frac{1}{3}\left(x\sin 3x\Big|_0^{\pi}-\int_0^{\pi}\sin 3x\mathrm{d}x\right)$$

$$=\frac{1}{3}\left(0+\frac{1}{3}\cos 3x\Big|_0^{\pi}\right)=-\frac{2}{9}.$$

【例 16】 计算$\int_0^{\frac{\pi}{4}}\frac{x}{1+\cos 2x}\mathrm{d}x$.

解 $$\int_0^{\frac{\pi}{4}}\frac{x}{1+\cos 2x}\mathrm{d}x=\int_0^{\frac{\pi}{4}}\frac{x}{2\cos^2 x}\mathrm{d}x=\frac{1}{2}\int_0^{\frac{\pi}{4}}x\mathrm{d}\tan x=\frac{1}{2}\left(x\tan x\Big|_0^{\frac{\pi}{4}}-\int_0^{\frac{\pi}{4}}\tan x\mathrm{d}x\right)$$

$$=\frac{1}{2}\left(\frac{\pi}{4}+\ln|\cos x|\Big|_0^{\frac{\pi}{4}}\right)=\frac{\pi}{8}-\frac{1}{4}\ln 2.$$

【例 17】 计算$\int_0^{\frac{\pi}{4}}\sec^3 x\mathrm{d}x$.

解 $$\int_0^{\frac{\pi}{4}}\sec^3 x\mathrm{d}x$$

$$=\int_0^{\frac{\pi}{4}}\sec x\cdot\sec^2 x\mathrm{d}x=\int_0^{\frac{\pi}{4}}\sec x\mathrm{d}\tan x$$

$$=\sec x\tan x\Big|_0^{\frac{\pi}{4}}-\int_0^{\frac{\pi}{4}}\tan x\cdot\sec x\tan x\mathrm{d}x=\sqrt{2}-\int_0^{\frac{\pi}{4}}(\sec^2 x-1)\sec x\mathrm{d}x$$

$$=\sqrt{2}-\int_0^{\frac{\pi}{4}}\sec^3 x\mathrm{d}x+\int_0^{\frac{\pi}{4}}\sec x\mathrm{d}x=\sqrt{2}-\int_0^{\frac{\pi}{4}}\sec^3 x\mathrm{d}x+\ln|\sec x+\tan x|\Big|_0^{\frac{\pi}{4}}$$

$$=\sqrt{2}-\int_0^{\frac{\pi}{4}}\sec^3 x\mathrm{d}x+\ln(\sqrt{2}+1).$$

移项得 $$2\int_0^{\frac{\pi}{4}}\sec^3 x\mathrm{d}x=\sqrt{2}+\ln(\sqrt{2}+1).$$

解得 $$\int_0^{\frac{\pi}{4}}\sec^3 x\mathrm{d}x=\frac{\sqrt{2}}{2}+\frac{1}{2}\ln(\sqrt{2}+1).$$

【例 18】 计算$\int_0^{1}e^{\sqrt{x}}\mathrm{d}x$.

解 先用换元法，令$\sqrt{x}=t$，则$x=t^2$，$\mathrm{d}x=2t\mathrm{d}t$.
当$x=0$时，$t=0$；当$x=1$时，$t=1$.
于是$\int_0^{1}e^{\sqrt{x}}\mathrm{d}x=2\int_0^{1}te^{t}\mathrm{d}t$.

再用分部积分法，得$\int_0^{1}e^{\sqrt{x}}\mathrm{d}x=2\int_0^{1}t\mathrm{d}e^{t}=2\left(te^{t}\Big|_0^{1}-\int_0^{1}e^{t}\mathrm{d}t\right)=2[e-(e-1)]=2.$

技能训练 4.3.2

1. 计算下列定积分：

(1) $\int_{\frac{\pi}{2}}^{\pi}\sin\left(x+\frac{\pi}{3}\right)\mathrm{d}x$； (2) $\int_{0}^{1}\frac{\mathrm{e}^x}{1+\mathrm{e}^x}\mathrm{d}x$；

(3) $\int_{-1}^{1}\frac{1}{\sqrt{5-4x}}\mathrm{d}x$； (4) $\int_{0}^{4}\frac{1-\sqrt{x}}{\sqrt{x}}\mathrm{d}x$；

(5) $\int_{1}^{\mathrm{e}}\frac{1+\ln x}{x}\mathrm{d}x$； (6) $\int_{0}^{\frac{\pi}{2}}\sin^2 x\cos x\mathrm{d}x$.

2. 计算下列定积分：

(1) $\int_{4}^{9}\frac{1}{\sqrt{x}-1}\mathrm{d}x$； (2) $\int_{0}^{4}\frac{(x+2)}{\sqrt{2x+1}}\mathrm{d}x$.

3. 计算下列定积分：

(1) $\int_{1}^{\mathrm{e}}x\ln x\mathrm{d}x$； (2) $\int_{0}^{1}x\mathrm{e}^{-x}\mathrm{d}x$； (3) $\int_{0}^{\pi}x\cos x\mathrm{d}x$.

§4.4 定积分的应用

本节我们主要讨论定积分在几何、物理等方面的一些应用.

我们在建立定积分模型时，曾经讨论了求曲边梯形面积和变速直线运动路程的实际问题，采用的是“微分求和”的方法. 我们将区间$[a, b]$分成n个小区间，相应地，将所求的量A分割成n份很小的部分量ΔA. 在$[a, b]$上任取一小区间$[x, x+\mathrm{d}x]$，以$f(x)\mathrm{d}x$近似代替ΔA，当分割无限小时，$\sum f(x)\mathrm{d}x$的极限就是所求的量A，即定积分. 实质上，所谓定积分$A=\int_a^b f(x)\mathrm{d}x$就是由被积表达式$f(x)\mathrm{d}x$从$a$到$b$累积之和. 我们把$f(x)\mathrm{d}x$称为**微元素**，记为$\mathrm{d}A$. 在定积分应用问题中，一般都是先求出微元素$\mathrm{d}A$，再求出定积分$\int_a^b \mathrm{d}A$，即所求$A$. 这种方法称为**元素法**，也称**微元法**.

在用元素法求解实际问题时，应注意要根据条件确定被积函数和积分区间.

一、平面图形的面积

我们已经知道，一条连续曲线$y=f(x)$ $(f(x)\geqslant 0)$与直线$x=a$，$x=b(a<b)$，x轴所围成的曲边梯形的面积A就是定积分$\int_a^b f(x)\mathrm{d}x$. 这里，被积表达式$f(x)\mathrm{d}x$就是面积元素$\mathrm{d}A$.

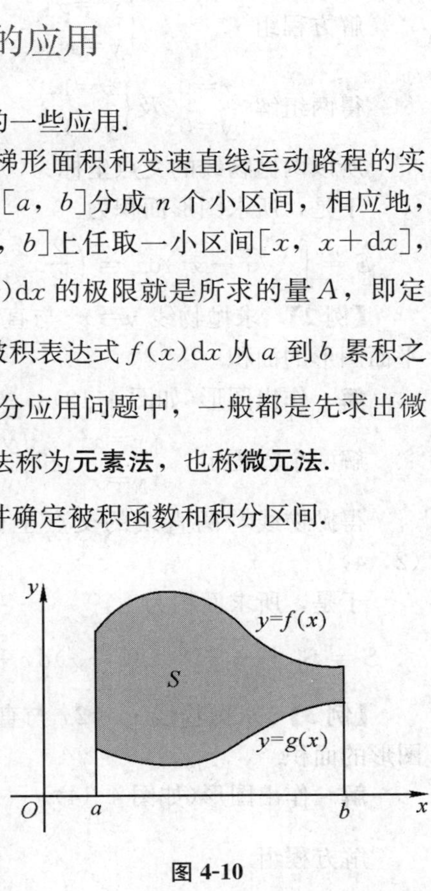

图 4-10

如果求由连续曲线$y=f(x)$，$y=g(x)$和直线$x=a$，$x=b(a<b)$所围成的平面图形的面积S(如

图 4-10)，那么在区间$[a, b]$上，当$0\leqslant g(x)\leqslant f(x)$时，有

$$S=\int_a^b f(x)\mathrm{d}x-\int_a^b g(x)\mathrm{d}x,$$

或
$$S=\int_a^b [f(x)-g(x)]\mathrm{d}x.$$

求由连续曲线$x=\varphi(y)$，$x=\psi(y)$和直线$y=c$，$y=d(c<d)$所围成的平面图形的面积，也可用类似的方法.

如图 4-11，在区间$[c, d]$上，当$0\leqslant\varphi(y)\leqslant\psi(y)$时，有

$$S=\int_c^d \psi(y)\mathrm{d}y-\int_c^d \varphi(y)\mathrm{d}y,$$

或
$$S=\int_c^d [\psi(y)-\varphi(y)]\mathrm{d}y.$$

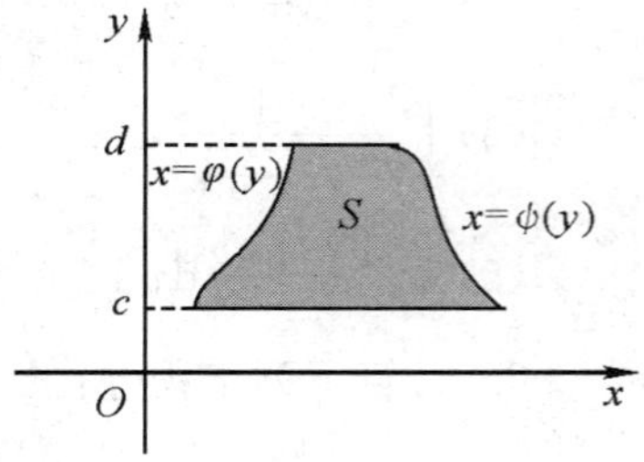

图 4-11

【例 1】 求两条抛物线$y^2=x$，$y=x^2$所围成的平面图形的面积.

解 作出图形(如图 4-12).

解方程组
$$\begin{cases}y^2=x,\\ y=x^2.\end{cases}$$

得两组解$\begin{cases}x=0,\\ y=0\end{cases}$及$\begin{cases}x=1,\\ y=1.\end{cases}$

所以两抛物线的交点坐标为(0，0)，(1，1).

于是，所求图形面积为

$$S=\int_0^1(\sqrt{x}-x^2)\mathrm{d}x=\left(\frac{2}{3}x^{\frac{3}{2}}-\frac{x^3}{3}\right)\Big|_0^1=\frac{1}{3}.$$

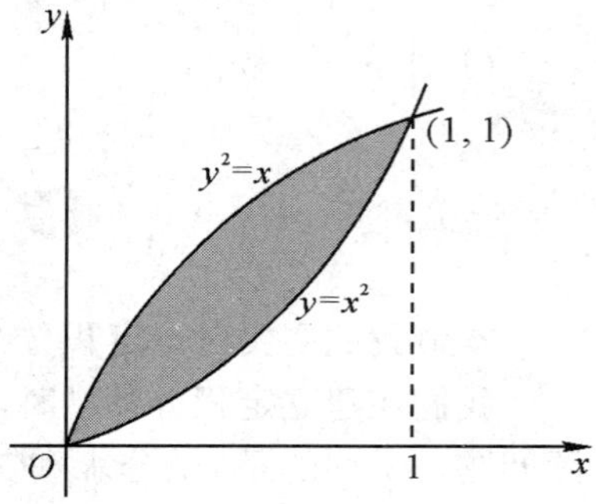

图 4-12

【例 2】 求抛物线$y=x^2$与直线$y=x$，$y=2x$所围成的平面图形的面积.

解 作出图形(如图 4-13).

解两个方程组
$\begin{cases}y=x^2,\\ y=x\end{cases}$和$\begin{cases}y=x^2,\\ y=2x.\end{cases}$

得抛物线与两直线的交点坐标分别为(0，0)，(1，1)，(2，4).

于是，所求面积为

$$S=S_1+S_2=\int_0^1(2x-x)\mathrm{d}x+\int_1^2(2x-x^2)\mathrm{d}x=\frac{7}{6}.$$

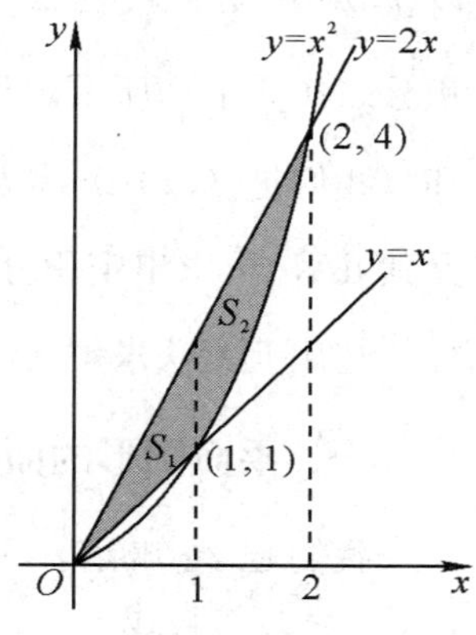

图 4-13

【例 3】 求抛物线$y^2=2x$与直线$y=x-4$所围成的平面图形的面积.

解 作出图形(如图 4-14).

解方程组
$$\begin{cases}y^2=2x,\\ y=x-4.\end{cases}$$

得抛物线与直线的交点坐标为(2，−2)和(8，4).

取 y 为积分变量，确定积分区间为[−2，4].

于是，所求图形面积为

$$S=\int_{-2}^{4}\left(y+4-\frac{1}{2}y^2\right)\mathrm{d}y=\left(\frac{y^2}{2}+4y-\frac{y^3}{6}\right)\Big|_{-2}^{4}=18.$$

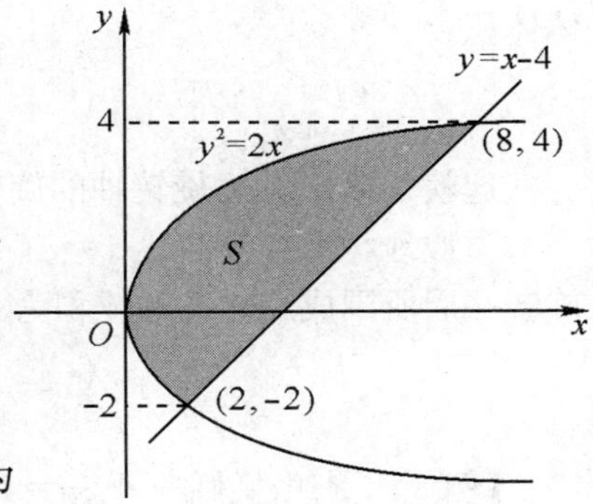

图 4-14

【例 4】 求椭圆$\frac{x^2}{a^2}+\frac{y^2}{b^2}=1(a>b>0)$的面积.

解 作出图形(如图 4-15).

因为椭圆关于两坐标轴都对称，所以椭圆面积为第一象限部分面积的 4 倍，即

$$S=4\int_0^a y\mathrm{d}x.$$

为便于积分，在上式中利用椭圆的参数方程作换元.

令 $x=a\cos t$，则 $y=b\sin t$，$\mathrm{d}x=-a\sin t\mathrm{d}t$.

当 $x=0$ 时，$t=\frac{\pi}{2}$；当 $x=a$ 时，$t=0$. 于是

$$S=4\int_{\frac{\pi}{2}}^{0} b\sin t(-a\sin t)\mathrm{d}t$$

$$=4ab\int_0^{\frac{\pi}{2}}\frac{1-\cos 2t}{2}\mathrm{d}t=2ab\cdot\frac{\pi}{2}=\pi ab.$$

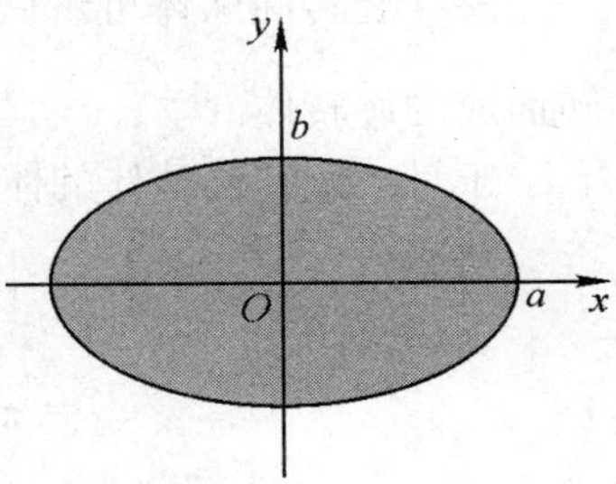

图 4-15

特别地，当 $a=b$ 时，得圆面积公式 $S=\pi a^2$.

二、体积

1. 旋转体的体积

一个平面图形绕该平面内一条定直线旋转一周而成的立体称为**旋转体**，该直线称为**旋转轴**. 圆柱、圆锥、圆台、球体等都是旋转体.

现在我们计算由连续曲线 $y=f(x)$，直线 $x=a$，$x=b$，与 x 轴所围成的曲边梯形绕 x 轴旋转一周所成旋转体的体积.

取 x 为积分变量，$[a, b]$为积分区间. 用垂直于 x 轴的一组平行平面将旋转体分割成许多立体小薄片，其截面都是圆，只是半径不同.

任取$[a, b]$中的一个小区间$[x, x+\mathrm{d}x]$上的小薄片，用以 $f(x)$为底面半径，$\mathrm{d}x$ 为高的圆柱体的体积近似代替它的体积(如图 4-16)，即

$$\mathrm{d}V=\pi[f(x)]^2\mathrm{d}x.$$

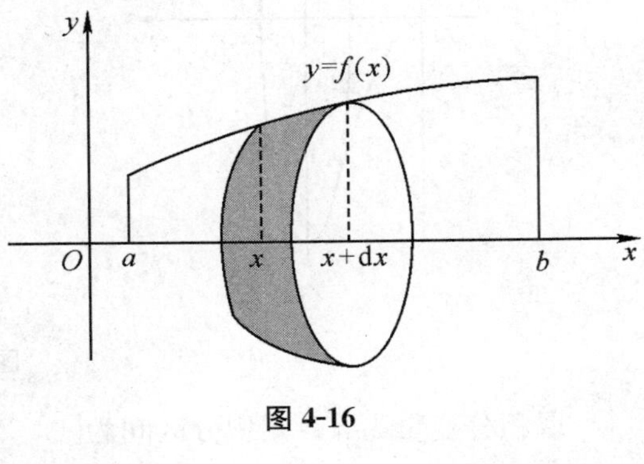

图 4-16

于是，以 $\pi[f(x)]^2\mathrm{d}x$ 为被积表达式，在区间$[a, b]$上作定积分，便得所求旋转

体体积

$$V=\int_a^b \pi[f(x)]^2 \mathrm{d}x=\int_a^b \pi y^2 \mathrm{d}x.$$

这就是以 x 轴为旋转轴的旋转体体积公式.

类似地，由连续曲线 $x=\varphi(y)$，直线 $y=c$，$y=d$ 与 y 轴所围成的曲边梯形绕 y 轴旋转一周所围成旋转体的体积为

$$V=\int_c^d \pi[\varphi(y)]^2 \mathrm{d}y=\int_c^d \pi x^2 \mathrm{d}y.$$

【例 5】 求由椭圆$\frac{x^2}{a^2}+\frac{y^2}{b^2}=1(a>b>0)$绕 x 轴旋转一周而成的旋转体(称旋转椭球体)的体积.

解 旋转椭球体可看做是由上半个椭圆 $y=b\sqrt{1-\frac{x^2}{a^2}}$和 x 轴围成的图形绕 x 轴旋转而成的旋转体.

于是，旋转椭球体的体积

$$\begin{aligned} V&=\int_{-a}^a \pi b^2\left(1-\frac{x^2}{a^2}\right)\mathrm{d}x=\pi b^2\int_{-a}^a\left(1-\frac{x^2}{a^2}\right)\mathrm{d}x \\ &=\pi b^2\left(x-\frac{x^3}{3a^2}\right)\Big|_{-a}^a=\frac{4}{3}\pi ab^2. \end{aligned}$$

当 $a=b$ 时，就是半径为 a 的球体体积公式 $V=\frac{4}{3}\pi a^3$.

【例 6】 求由抛物线 $y=x^2$、直线 $x=2$ 和 x 轴所围成的平面图形分别绕 x 轴、y 轴旋转一周所得立体的体积.

解 绕 x 轴旋转而成的旋转体如图 4-17(1).

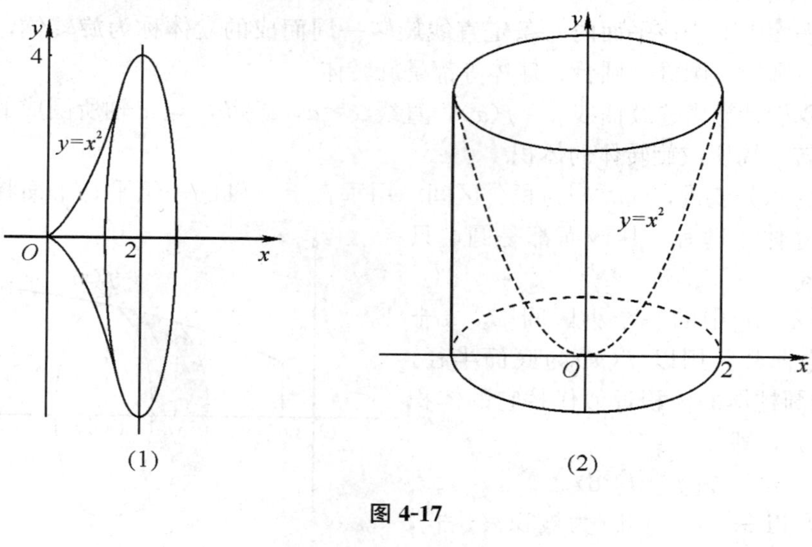

图 4-17

取积分变量为 x，则积分区间为[0，2]. 体积为

$$V=\int_0^2 \pi y^2 \mathrm{d}x=\int_0^2 \pi x^4 \mathrm{d}x=\left(\frac{\pi}{5}x^5\right)\Big|_0^2=\frac{32}{5}\pi.$$

绕 y 轴旋转而成的旋转体为圆柱中挖去一个杯状的立体.（如图 4-17(2)）

取积分变量为 y，则积分区间为[0，4]. 体积为

$$V=\int_0^4 \pi\cdot 2^2\mathrm{d}y-\int_0^4 \pi x^2\mathrm{d}y=\pi\int_0^4(2^2-y)\mathrm{d}y=\pi\left(4y-\frac{y^2}{2}\right)\Big|_0^4=8\pi.$$

2. 平行截面面积为已知的立体的体积

设一立体被垂直于某直线(可设此直线为 x 轴)的平面所截，截面面积 $A(x)$ 是 x 的连续函数，立体位于过点 $x=a$，$x=b(a<b)$ 且垂直于 x 轴的两个平面之间(如图 4-18). 虽然这类立体一般不是旋转体，但它们的体积可以仿照旋转体体积的求法，用定积分来计算.

取 x 为积分变量，积分区间为[a，b]. $\mathrm{d}V=A(x)\mathrm{d}x$.

于是，该立体的体积为 $V=\int_a^b A(x)\mathrm{d}x$.

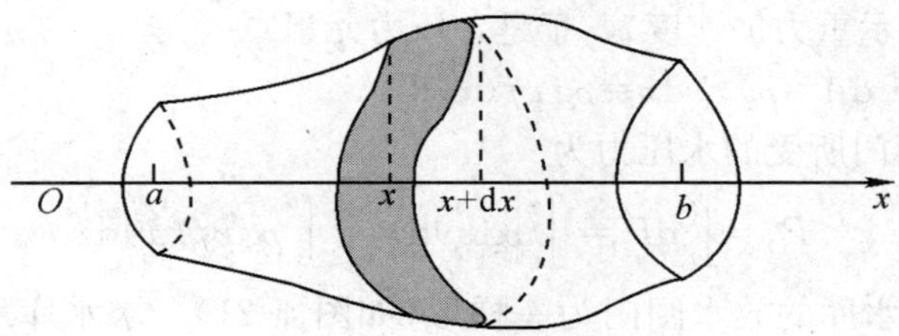

图 4-18

【例 7】 一平面经过半径为 R 的圆柱体的底面直径，且与底面交成定角 α(如图 4-19). 求此平面截圆柱体所得立体(楔形体)的体积.

解 取底面直径所在直线为 x 轴，底面上过圆心且垂直于 x 轴的直线为 y 轴. 则底面圆的方程为 $x^2+y^2=R^2$.

立体中过点 $x(x\in(-R, R))$ 且垂直于 x 轴的截面是直角三角形，其面积为

$$A(x)=\frac{1}{2}y\cdot y\tan\alpha=\frac{1}{2}(R^2-x^2)\tan\alpha.$$

于是，楔形体体积为

$$V=\int_{-R}^{R}A(x)\mathrm{d}x=\frac{1}{2}\tan\alpha\int_{-R}^{R}(R^2-x^2)\mathrm{d}x=\frac{1}{2}\tan\alpha\left(R^2x-\frac{x^3}{3}\right)\Big|_{-R}^{R}=\frac{2}{3}R^3\tan\alpha.$$

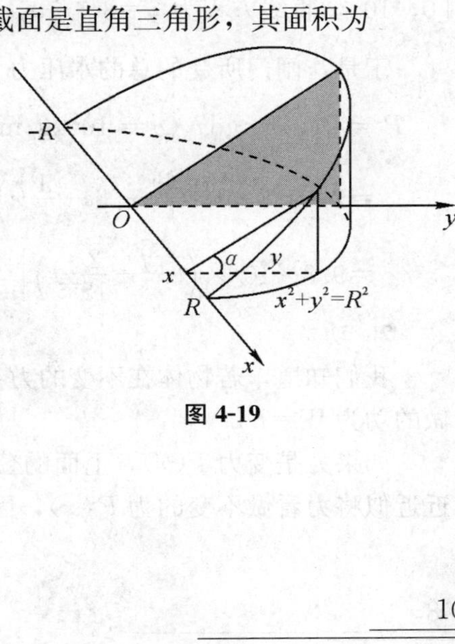

图 4-19

三、压力与功

1. 液体的压力

在生产实践中，我们常遇到水压力的计算问题，如计算水库闸门所受的压力等．这些都可运用定积分来解决．

设闸门 $OMNa$ 如图 4-20，当水齐闸门顶时，求闸门所受的压力 P．

我们这样选取直角坐标系：设 y 轴位于液面上即与闸门顶重合，沿水平方向；x 轴垂直向下；两坐标轴与闸门位于同一平面上．则闸门为由直线 $x=0$(y 轴)，$x=a$，$y=0$(x 轴)与曲线 $y=f(x)$所围图形．

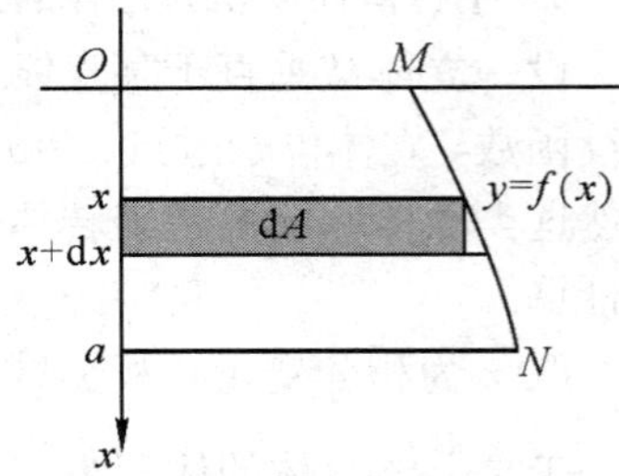

图 4-20

取水深 x 为积分变量，则积分区间为$[0, a]$．

设闸门的面积为 A，则面积元素 $\mathrm{d}A=y\mathrm{d}x$．

由物理学知道，在水深 x 处的压强为 $p=\rho gx$（ρ 表示水的密度，g 表示重力加速度），于是，压力元素

$$\mathrm{d}P=\rho gx\cdot \mathrm{d}A=\rho gxy\mathrm{d}x=\rho gxf(x)\mathrm{d}x.$$

因此，整个闸门所受的水压力为

$$P=\int_0^a \mathrm{d}P=\int_0^a \rho gxy\,\mathrm{d}x=\int_0^a \rho gxf(x)\mathrm{d}x.$$

【例 8】 设某水库的放水闸门为一梯形(如图 4-21)．求水库水位到闸门顶时闸门所受的水压力．

解 建立如图 4-21 所示的直角坐标系．由于闸门关于 x 轴对称，所以只要计算一半闸门所受的水压力，然后乘 2 就得整个闸门所受的水压力．

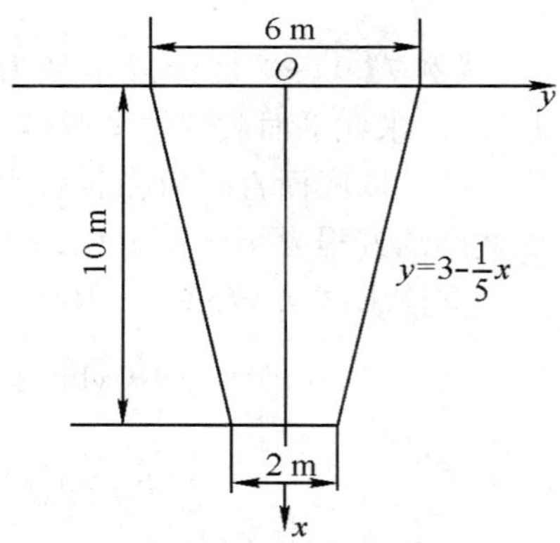

图 4-21

取水深 x 为积分变量，由图可知，积分区间为$[0, 10]$，直线方程为 $y=3-\frac{1}{5}x$．

于是，闸门所受的总的水压力为

$$\begin{aligned}P&=2\int_0^{10}\rho gxy\,\mathrm{d}x\ (\rho=10^3\,\mathrm{kg/m^3})\\&=2\times 9.8\times 10^3\int_0^{10}x\left(3-\frac{1}{5}x\right)\mathrm{d}x\\&=9.8\times 10^3\times\left(3x^2-\frac{2}{15}x^3\right)\Big|_0^{10}\approx 1.63\times 10^6(\mathrm{N}).\end{aligned}$$

2. 功

我们知道，若物体在不变的力 F 的作用下沿力的方向移动了 s，则此过程中力 F 所做的功为 $W=Fs$．

如果力是变力 $F(x)$，上面的公式显然不适用．但当 $F(x)$连续时，可以在点 x 附近近似将力看做不变的力 $F(x)$，因而在力的方向上，物体从 x 移动到 $x+\mathrm{d}x$ 的过程

中，功的微元为

$$dW = F(x)dx.$$

由此可知，在变力 $F(x)$ 作用下，物体沿 x 轴由点 a 到点 b 的过程中，力 $F(x)$ 所做的功为

$$W = \int_a^b F(x)dx.$$

在其他情况下功的计算，也可类似地用微元法来处理.

【例 9】 半径为 1 米的半球形水池，池中充满了水，把池内的水全部抽出需做多少功?

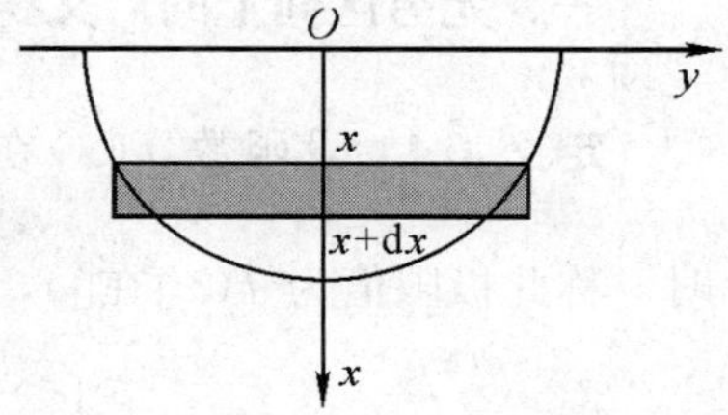

图 4-22

解 建立坐标系如图 4-22，则圆的方程为

$$x^2 + y^2 = 1.$$

选水深 x 为积分变量，则 $x \in [0, 1]$.

在任意小区间 $[x, x+dx]$ 上相应小薄圆柱体的水重力近似为 ($\rho = 10^3 \text{kg/m}^3$)

$$9.8 \times 10^3 \cdot \pi y^2 dx = 9.8 \times 10^3 \pi (1 - x^2) dx.$$

将这个小水柱体提到池口的距离为 x，故功微元为

$$dW = (9.8 \times 10^3 \cdot \pi y^2 dx) \cdot x = 9.8 \times 10^3 \pi (x - x^3) dx.$$

将功的微元在区间 $[0, 1]$ 上累积，得所求功为

$$W = \int_0^1 9.8 \times 10^3 \pi (x - x^3) dx = 9.8 \times 10^3 \pi \left(\frac{1}{2}x^2 - \frac{1}{4}x^4 \right) \Big|_0^1 \approx 7.7 \times 10^3 (\text{J}).$$

技能训练 4.4

1. 由曲线 $y = f(x)$ 和 $y = g(x)$ 及直线 $x = a$ 和 $x = b$ 所围成的平面图形的面积为 $A = \int_a^b \left| f(x) - g(x) \right| dx$. 这个结论正确吗?

2. 求由曲线 $y^2 = 2x$ 与直线 $y = -x + 4$ 所围成的平面图形的面积.

3. 求由曲线 $y = \sqrt{x}$ 与直线 $y = \frac{x}{2}$ 围成的平面图形的面积.

4. 求由曲线 $y = e^x$，$y = e^{-x}$ 与直线 $x = 1$ 所围成的平面图形的面积.

5. 某厂日产 Q 吨产品的总成本为 $C = C(Q)$ 元，已知边际成本为 $C'(Q) = 6 + \frac{16}{\sqrt{Q}}$. 若生产该产品的日固定成本为 34 元，求日产量从 36 吨增加到 81 吨时的总成本.

§4.5 广义积分

前面讨论的定积分，事实上有两个前提，一是积分区间是有限的；二是被积函数在该区间是有界的. 但在实际问题中，还会遇到积分区间为无穷区间，或者被积函数为无界函数的积分，例如，$\int_1^{+\infty}\frac{1}{x}\mathrm{d}x$，$\int_{-1}^{1}\frac{1}{1+x}\mathrm{d}x$，… 因此，我们(运用极限概念)对定积分作如下推广，从而形成广义积分的概念.

一、无穷区间上的广义积分

定义 4.4 设函数 $f(x)$在区间$[a,+\infty)$上连续，当极限 $\lim\limits_{b\to+\infty}\left(\int_a^b f(x)\mathrm{d}x\right)$ 存在时，称此极限值为 $f(x)$在$[a,+\infty)$上的**广义积分**，记做$\int_a^{+\infty}f(x)\mathrm{d}x$.

即
$$\int_a^{+\infty}f(x)\mathrm{d}x=\lim_{b\to+\infty}\left(\int_a^b f(x)\mathrm{d}x\right).$$

这时也称广义积分$\int_a^{+\infty}f(x)\mathrm{d}x$ **收敛**.

如果上式右端的极限不存在，则称广义积分$\int_a^{+\infty}f(x)\mathrm{d}x$ **发散**.

类似地，可定义函数 $f(x)$在区间$(-\infty,b]$上的广义积分为
$$\int_{-\infty}^{b}f(x)\mathrm{d}x=\lim_{a\to-\infty}\left(\int_a^b f(x)\mathrm{d}x\right).$$

对于 $f(x)$在$(-\infty,+\infty)$上的广义积分，定义为
$$\int_{-\infty}^{+\infty}f(x)\mathrm{d}x=\lim_{a\to-\infty}\left(\int_a^c f(x)\mathrm{d}x\right)+\lim_{b\to+\infty}\left(\int_c^b f(x)\mathrm{d}x\right).$$
其中，c 为介于 a，b 之间的任意实数，a，b 各自独立地趋向于无穷大. 当且仅当上式右端两个极限都存在时，广义积分$\int_{-\infty}^{+\infty}f(x)\mathrm{d}x$ 才收敛，否则是发散的.

【例 1】 求$\int_1^{+\infty}\frac{1}{x^4}\mathrm{d}x$.

解 由广义积分定义，得
$$\int_1^{+\infty}\frac{1}{x^4}\mathrm{d}x=\lim_{b\to+\infty}\left(\int_1^b\frac{1}{x^4}\mathrm{d}x\right)=\lim_{b\to+\infty}\left(-\frac{1}{3x^3}\bigg|_1^b\right)=\lim_{b\to+\infty}\frac{1}{3}\left(1-\frac{1}{b^3}\right)=\frac{1}{3}.$$

【例 2】 求$\int_{-\infty}^{0}\mathrm{e}^{2x}\mathrm{d}x$.

解 $\int_{-\infty}^{0}\mathrm{e}^{2x}\mathrm{d}x=\lim\limits_{a\to-\infty}\left(\int_a^0\mathrm{e}^{2x}\mathrm{d}x\right)=\lim\limits_{a\to-\infty}\left(\frac{1}{2}\mathrm{e}^{2x}\bigg|_a^0\right)=\lim\limits_{a\to-\infty}\frac{1}{2}(1-\mathrm{e}^{2a})=\frac{1}{2}.$

仿照牛顿-莱布尼茨公式的形式，假设 $F(x)$是 $f(x)$在积分区间上的一个原函数，若记 $F(+\infty)=\lim\limits_{b\to+\infty}F(b)$，$F(-\infty)=\lim\limits_{a\to-\infty}F(a)$，则可记

$$\int_a^{+\infty} f(x)\mathrm{d}x = F(x)\Big|_a^{+\infty} = F(+\infty) - F(a).$$

另外两种广义积分也可有类似的简记法，需要注意的是，积分限$+\infty$，$-\infty$代入$F(x)$时，应理解为对$F(x)$求极限. 根据这一法则，上例的解法可表示为

$$\int_1^{+\infty} \frac{1}{x^4}\mathrm{d}x = -\frac{1}{3x^3}\Big|_1^{+\infty} = \frac{1}{3}；\quad \int_{-\infty}^0 \mathrm{e}^{2x}\mathrm{d}x = \frac{1}{2}\mathrm{e}^{2x}\Big|_{-\infty}^0 = \frac{1}{2}.$$

【例 3】 求$\int_{-\infty}^{+\infty} \frac{1}{1+x^2}\mathrm{d}x$.

解 由定义，得

$$\int_{-\infty}^{+\infty} \frac{1}{1+x^2}\mathrm{d}x = \int_{-\infty}^{0} \frac{1}{1+x^2}\mathrm{d}x + \int_0^{+\infty} \frac{1}{1+x^2}\mathrm{d}x = \arctan x\Big|_{-\infty}^0 + \arctan x\Big|_0^{+\infty}$$
$$= -\left(-\frac{\pi}{2}\right) + \frac{\pi}{2} = \pi.$$

【例 4】 求$\int_{-\infty}^0 x\mathrm{e}^x\mathrm{d}x$.

解 $\int_{-\infty}^0 x\mathrm{e}^x\mathrm{d}x = \int_{-\infty}^0 x\mathrm{d}(\mathrm{e}^x) = x\mathrm{e}^x\Big|_{-\infty}^0 - \int_{-\infty}^0 \mathrm{e}^x\mathrm{d}x = x\mathrm{e}^x\Big|_{-\infty}^0 - \mathrm{e}^x\Big|_{-\infty}^0$.

其中，$x\mathrm{e}^x\Big|_{-\infty}^0 = \lim\limits_{a\to-\infty}\left(x\mathrm{e}^x\Big|_a^0\right) = \lim\limits_{a\to-\infty}(0\mathrm{e}^0 - a\mathrm{e}^a) = -\lim\limits_{a\to-\infty} a\mathrm{e}^a$

$$= -\lim_{a\to-\infty}\frac{a}{\mathrm{e}^{-a}} = -\lim_{a\to-\infty}\frac{1}{-\mathrm{e}^{-a}} = 0,$$

$$\mathrm{e}^x\Big|_{-\infty}^0 = \lim_{a\to-\infty}\left(\mathrm{e}^x\Big|_a^0\right) = \lim_{a\to-\infty}(\mathrm{e}^0 - \mathrm{e}^a) = 1 - \lim_{a\to-\infty}\mathrm{e}^a = 1 - 0 = 1.$$

于是 $\int_{-\infty}^0 x\mathrm{e}^x\mathrm{d}x = -1$.

【例 5】 讨论广义积分$\int_1^{+\infty}\frac{1}{x^p}\mathrm{d}x$的敛散性.

解 当$p=1$时，$\int_1^{+\infty}\frac{1}{x}\mathrm{d}x = \ln|x|\Big|_1^{+\infty} = +\infty$，广义积分$\int_1^{+\infty}\frac{1}{x}\mathrm{d}x$发散；

当$p\neq1$时，$\int_1^{+\infty}\frac{1}{x^p}\mathrm{d}x = \left(\frac{1}{1-p}x^{1-p}\right)\Big|_1^{+\infty} = \begin{cases} +\infty, & p<1, \\ \frac{1}{p-1}, & p>1. \end{cases}$

所以当$p>1$时，此广义积分收敛，其值为$\frac{1}{p-1}$；当$p\leqslant1$时，此广义积分发散.

二、无界函数的广义积分

无界函数的广义积分是指被积函数在$[a, b]$上某点(或有限个点)处无界，这样的积分$\int_a^b f(x)\mathrm{d}x$又称为**瑕积分**. 使被积函数无界的点称为**瑕点**.

定义 4.5 如果对于任意小的正数ε，函数$f(x)$在区间$[a+\varepsilon, b]$上皆可积，且$\lim\limits_{x\to a^+} f(x) = \infty$，则当极限$\lim\limits_{\varepsilon\to0^+}\left(\int_{a+\varepsilon}^b f(x)\mathrm{d}x\right)$存在时，称瑕积分$\int_a^b f(x)\mathrm{d}x$收敛，记为

$$\int_a^b f(x)\mathrm{d}x = \lim_{\varepsilon\to 0^+}\left(\int_{a+\varepsilon}^b f(x)\mathrm{d}x\right).$$

如果上式右端极限不存在，则称瑕积分 $\int_a^b f(x)\mathrm{d}x$ 发散.

类似地，$f(x)$在 b 或 $c\,(a<c<b)$ 点无界时，瑕积分 $\int_a^b f(x)\mathrm{d}x$ 定义为：

若 $\lim\limits_{x\to b^-} f(x)=\infty$，则

$$\int_a^b f(x)\mathrm{d}x = \lim_{\varepsilon\to 0^+}\left(\int_a^{b-\varepsilon} f(x)\mathrm{d}x\right);$$

若$\lim\limits_{x\to c} f(x)=\infty(a<c<b)$，则

$$\int_a^b f(x)\mathrm{d}x = \lim_{\varepsilon_1\to 0^+}\left(\int_a^{c-\varepsilon_1} f(x)\mathrm{d}x\right)+\lim_{\varepsilon_2\to 0^+}\left(\int_{c+\varepsilon_2}^b f(x)\mathrm{d}x\right).$$

【例 6】 讨论下列广义积分的敛散性.

(1) $\int_0^1 \frac{x\mathrm{d}x}{\sqrt{1-x^2}}$；　　(2) $\int_{-1}^1 \frac{1}{x^2}\mathrm{d}x$；　　(3) $\int_0^1 \ln x\mathrm{d}x$.

解　(1)因为 $f(x)=\frac{x}{\sqrt{1-x^2}}$在$[0,1]$的右端点 $x=1$ 处是无穷间断点，所以

$$\int_0^1 \frac{x\mathrm{d}x}{\sqrt{1-x^2}} = \lim_{\varepsilon\to 0^+}\left(\int_0^{1-\varepsilon}\frac{x}{\sqrt{1-x^2}}\mathrm{d}x\right)=\lim_{\varepsilon\to 0^+}\left(-\frac{1}{2}\int_0^{1-\varepsilon}(1-x^2)^{-\frac{1}{2}}\mathrm{d}(1-x^2)\right)$$

$$=-\lim_{\varepsilon\to 0^+}\left(\sqrt{1-x^2}\,\Big|_0^{1-\varepsilon}\right)=-\lim_{\varepsilon\to 0^+}(\sqrt{2\varepsilon-\varepsilon^2}-1)=1.$$

(2)因为 $f(x)=\frac{1}{x^2}$在$[-1,1]$内有无穷间断点 $x=0$，所以

$$\int_{-1}^1 \frac{1}{x^2}\mathrm{d}x = \int_{-1}^0 \frac{1}{x^2}\mathrm{d}x+\int_0^1 \frac{1}{x^2}\mathrm{d}x = \lim_{\varepsilon_1\to 0^+}\left(\int_{-1}^{-\varepsilon_1}\frac{1}{x^2}\mathrm{d}x\right)+\lim_{\varepsilon_2\to 0^+}\left(\int_{\varepsilon_2}^1\frac{1}{x^2}\mathrm{d}x\right)$$

$$=\lim_{\varepsilon_1\to 0^+}\left(-\frac{1}{x}\Big|_{-1}^{-\varepsilon_1}\right)+\lim_{\varepsilon_2\to 0^+}\left(-\frac{1}{x}\Big|_{\varepsilon_2}^{1}\right).$$

因为上述极限不存在，所以广义积分 $\int_{-1}^1 \frac{1}{x^2}\mathrm{d}x$ 发散.

(3)因为 $f(x)=\ln x$ 在$[0,1]$的左端点 $x=0$ 处是无穷间断点，所以

$$\int_0^1 \ln x\mathrm{d}x = \lim_{\varepsilon\to 0^+}\left(\int_\varepsilon^1 \ln x\mathrm{d}x\right)=\lim_{\varepsilon\to 0^+}\left(x\ln x\Big|_\varepsilon^1-\int_\varepsilon^1\mathrm{d}x\right)=\lim_{\varepsilon\to 0^+}(-\varepsilon\ln\varepsilon-1+\varepsilon)$$

$$=-\lim_{\varepsilon\to 0^+}\frac{\ln\varepsilon}{\frac{1}{\varepsilon}}-1=-\lim_{\varepsilon\to 0^+}\frac{\frac{1}{\varepsilon}}{-\frac{1}{\varepsilon^2}}-1=-1.$$

技能训练 4.5

1. 计算广义积分：

(1) $\int_{1}^{+\infty}\frac{1}{x^{\frac{3}{2}}}\mathrm{d}x$；　　(2) $\int_{0}^{+\infty}\mathrm{e}^{-x}\mathrm{d}x$；

(3) $\int_{0}^{+\infty}x\mathrm{e}^{-x^2}\mathrm{d}x$；　　(4) $\int_{1}^{+\infty}\frac{1}{x}\mathrm{d}x$.

2. 讨论广义积分的敛散性：

(1) $\int_{0}^{2}\frac{1}{x^2-4x+3}\mathrm{d}x$；　　(2) $\int_{0}^{1}\frac{1}{x^2}\mathrm{d}x$；

(3) $\int_{0}^{1}\frac{1}{\sqrt{1-x^2}}\mathrm{d}x$.

习题 4

1. 选择题

(1)设函数 $f(x)$在$[a, b]$上可积，则 $\int_{a}^{b}f(x)\mathrm{d}x-\int_{a}^{b}f(y)\mathrm{d}y$（　　）；

A. 小于 0　　B. 等于 0　　C. 大于 0　　D. 不确定

(2)设函数 $f(x)$在$[a, b]$上可积，则下列各式中不正确的是（　　）；

A. $\int_{a}^{b}f(x)\mathrm{d}x=\int_{a}^{b}f(y)\mathrm{d}y$　　B. $\int_{a}^{a}f(x)\mathrm{d}x=0$

C. $\left[\int_{a}^{b}f(x)\mathrm{d}x\right]'=f(x)$　　D. $\int_{a}^{c}f(x)\mathrm{d}x+\int_{c}^{b}f(x)\mathrm{d}x=\int_{a}^{b}f(x)\mathrm{d}x$

(3)一阶导数$\frac{\mathrm{d}}{\mathrm{d}x}\int_{0}^{1}\sin x\mathrm{d}x=$（　　）；

A. 0　　B. $\sin x$　　C. $\cos x$　　D. 无法求

(4)函数 $f(x)$在$[a, b]$上连续是函数 $f(x)$在$[a, b]$上可积的（　　）；

A. 必要条件但非充分条件　　B. 充分条件但非必要条件

C. 充分必要条件　　D. 无关条件

(5)初等函数 $f(x)$在其有定义的区间$[a, b]$上一定（　　）；

A. 可导　　B. 可微

C. 可积　　D. 以上均不成立

(6)设 $\int_{0}^{2}xf(x)\mathrm{d}x=k\int_{0}^{1}xf(2x)\mathrm{d}x$，则 $k=$（　　）.

A. 1　　B. 2　　C. 3　　D. 4

2. 由定积分的几何意义，判断下列定积分的值是正还是负：

(1) $\int_{0}^{\frac{\pi}{2}}\sin x\mathrm{d}x$；　　(2) $\int_{-1}^{2}x^2\mathrm{d}x$；　　(3) $\int_{0}^{2}x^3\mathrm{d}x$.

3. 计算下列定积分：

(1) $\int_0^3 (x^2-2x+3)\mathrm{d}x$；　　(2) $\int_{-1}^2 |2x|\mathrm{d}x$；

(3) $\int_1^2 \frac{x^2}{x+1}\mathrm{d}x$；　　(4) $\int_1^2 \frac{1}{x^2}\mathrm{e}^{\frac{1}{x}}\mathrm{d}x$；

(5) $\int_1^2 \frac{1}{3x-2}\mathrm{d}x$；　　(6) $\int_1^{\ln 2} \mathrm{e}^x(1+\mathrm{e}^x)\mathrm{d}x$；

(7) $\int_0^4 \frac{1}{\sqrt{1+x}}\mathrm{d}x$；　　(8) $\int_1^{\mathrm{e}} \frac{1+\ln x}{x}\mathrm{d}x$.

4. 利用函数的奇偶性，计算下列定积分：

(1) $\int_{-2}^2 (x^3\cos x+3x^2)\mathrm{d}x$；

(2) $\int_{-a}^a (x^3-x+2)\mathrm{d}x$. $(a>0)$

5. 求下列曲线所围成的平面图形的面积：

(1) $y=x^2$，$y=x$；

(2) $y=4-x^2$，$y=-5$；

(3) $y=\frac{1}{2}x^2$，$y=x$，$y=2x$；

(4) $y=\sin x\left(x\in\left[0,\frac{\pi}{2}\right]\right)$，$y=1$，$x=0$.